W0398236

Savia

ciencias de la naturaleza

sm

4 primaria

Hernán

TU LIBRO

Qué importante es...

- respetar a los animales.
- la curiosidad científica.
- la biodiversidad...

Comenzarás cada unidad reflexionando sobre un valor a partir de un texto o una imagen.

Secciones más destacadas

CONTENIDOS

- Contextos iniciales e imágenes que ayudan a la comprensión de contenidos.
- Experimentos que complementan los contenidos.

2 Los artrópodos

¿Qué animales crees que dominan la Tierra? ¿Los fieros leones o tal vez las enormes ballenas?

Sorprendentemente, las moscas, los escarabajos y el resto de invertebrados son los animales más abundantes del planeta y han conquistado la tierra, el agua y el aire. Por este motivo, podemos decir que son ¡los reyes de la naturaleza! Entre los invertebrados, los **artrópodos** son el grupo más numeroso e importante.

ASÍ SE CONSTRUYE LA CIENCIA

- Conocerás procedimientos que te acercarán al mundo científico.

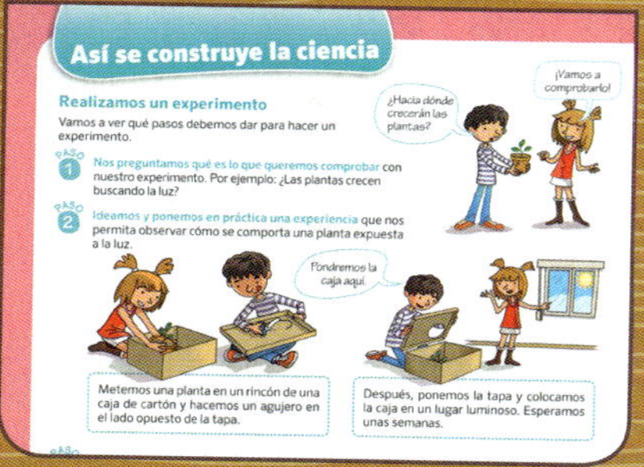
Así se construye la ciencia

Realizamos un experimento

Vamos a ver qué pasos debemos dar para hacer un experimento.

PASO 1 Nos preguntamos qué es lo que queremos comprobar con nuestro experimento. Por ejemplo: ¿Las plantas crecen buscando la luz?

PASO 2 Ideamos y ponemos en práctica una experiencia que nos permita observar cómo se comporta una planta expuesta a la luz.

Metemos una planta en un rincón de una caja de cartón y hacemos un agujero en el lado opuesto de la tapa.

Después, ponemos la tapa y colocamos la caja en un lugar luminoso. Esperamos unas semanas.

ORGANIZA TUS IDEAS

- Lectura de esquemas.
- Actividades para trabajar con el esquema.

Organiza tus ideas

Trabaja con el esquema

1 Observa los animales que aparecen en el esquema y completa.

a) Las ••• tienen el cuerpo cubierto de ••• y su boca tiene forma de •••. Todas respiran a través de ••• y son •••.

3 ¿Qué grupo de animales de los que aparen en el esquema sufre el proceso de metamorfosis? Observa el dibujo y describe en tu cuaderno los pasos que están señalados en él.

Ponte a prueba

Pon en marcha tus competencias y comprueba lo que has aprendido con la tarea final.

Tu revista

- Interesantes noticias que te servirán para repasar los contenidos de forma lúdica y divertida.

Y además...

Al final de cada trimestre

- COMPRUEBA LO QUE HAS APRENDIDO
- PROYECTO TRIMESTRAL

Tu entorno de aprendizaje **Savia**digital

(www.smsaviadigital.com)
Tu sitio en la web para aprender y divertirte.

Ponte a punto

Actividades iniciales para recordar lo que ya sabes y prepararte para seguir aprendiendo.

Actividad inicial

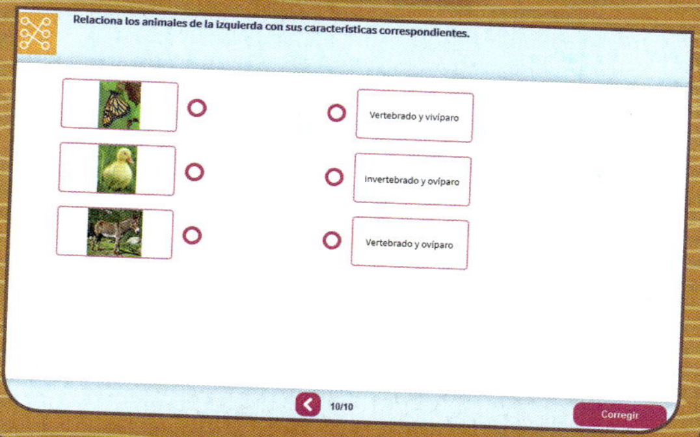

Observa y relaciona/Comprende

Vídeos y animaciones que te ayudarán a comprender mejor los contenidos.

Juega y aprende/Practica

Juegos y actividades. Así todo lo que aprendas no se te olvidará.

Actividad interactiva

Valora lo aprendido

Actividades finales con las que comprobarás todo lo que has aprendido y cómo has trabajado.

Entrar en **Savia**digital es fácil:

1. Escribe en internet la siguiente dirección: smsaviadigital.com
2. Regístrate e introduce el número de licencia que encontrarás nada más abrir tu libro.
3. Como solo debes registrarte una vez, anota tu identificador y contraseña.

Índice

Contenidos

Secciones finales

1 Los invertebrados

Un hogar para todos

Un potente rayo echó abajo este inmenso árbol. ¿Dirías que está muerto?

Ya no existe como planta, pero la vida recorre cada centímetro de su superficie. Se ha convertido en el hogar de innumerables seres de pequeño tamaño, los invertebrados. Animales como arañas, hormigas y otros insectos han construido en él las galerías para poner sus huevos.

Pero no solo les sirve de hogar, también los protege de animales como las ranas, los ratones de campo y los pájaros, que se alimentan de ellos.

Una muestra de cómo ese pequeño espacio se ha convertido en ¡un mundo de invertebrados!

Hablamos

1. ¿Qué grupos de animales usan el tronco como hogar?
2. Según el texto, ¿qué le aporta el tronco a los animales que habitan en él?
3. Observa la imagen e indica qué animales invertebrados distingues. Relaciona a cada animal con uno de los siguientes grupos.

   moluscos | artrópodos | gusanos

4. ¿Identificas algún animal vertebrado? En ese caso, escribe su nombre.

¡Qué importante es... respetar a los animales!

Tendemos a dar importancia a los animales por su tamaño. Sin embargo, por pequeños que sean, todos merecen nuestro respeto y cuidado.

Tarea final

Haz un experimento que te ayudará a conocer cómo se alimentan algunos invertebrados.

1 El reino de los animales. Los invertebrados

Fíjate en el cocodrilo y en el cangrejo. A simple vista no tienen mucho en común, pero ambos pertenecen al reino de los animales. Por eso, comparten muchas características.

Características de los animales

Los animales presentan estos rasgos:

- Se alimentan de otros seres vivos.
- Casi todos pueden desplazarse.
- Algunos animales, como las arañas, son **ovíparos**. Otros, como los lobos, son **vivíparos**.
- Su cuerpo tiene unas estructuras, llamadas **órganos**, que se agrupan en **aparatos** o **sistemas** con los que llevan a cabo las funciones vitales. Por ejemplo, las cabras tienen órganos, como el estómago y el intestino delgado, que trabajan juntos para digerir los alimentos.

Clasificación de los animales

Podemos clasificar los animales de distintas formas: dependiendo de su alimentación, de su reproducción... La manera más habitual de agruparlos es según tengan o no **esqueleto interno**. Conforme a este rasgo, los animales se dividen en **invertebrados** y **vertebrados**.

Los animales invertebrados

Los animales invertebrados no presentan esqueleto interno y todos son **ovíparos**, es decir, nacen de huevos. Se clasifican en los siguientes grupos: **esponjas**, **medusas**, **gusanos**, **artrópodos**, **moluscos** y **equinodermos**.

smSaviadigital.com
PRACTICA Clasifica invertebrados.

Los animales invertebrados se clasifican en **esponjas**, **medusas**, **gusanos**, **artrópodos**, **moluscos** y **equinodermos**.

Actividades

1. ¿Qué tienen en común un gato y una mosca? ¿En qué se diferencian?
2. ¿A qué grupo pertenece cada uno de estos invertebrados?

caracol | libélula | lombriz de tierra

2 Los artrópodos

¿Qué animales crees que dominan la Tierra? ¿Los fieros leones o tal vez las enormes ballenas?

Sorprendentemente, las moscas, los escarabajos y el resto de invertebrados son los animales más abundantes del planeta y han conquistado la tierra, el agua y el aire. Por este motivo, podemos decir que son ¡los reyes de la naturaleza! Entre los invertebrados, los **artrópodos** son el grupo más numeroso e importante.

Características de los artrópodos

¿Qué tienen en común animales tan diferentes como una mariquita y un cangrejo para pertenecer al grupo de los artrópodos? Todos los artrópodos poseen un **esqueleto externo**, que los protege, y muchas **patas articuladas**.

Los artrópodos se clasifican en distintos grupos, como los **insectos**, los **arácnidos** y los **crustáceos**. Para saber a qué grupo pertenece un artrópodo, ¡prepárate a contar patas!

Artrópodos con seis patas: los insectos

Los **insectos** son el grupo más numeroso de los artrópodos. Todos los animales que pertenecen a este grupo tienen el cuerpo dividido en tres partes: **cabeza**, **tórax** y **abdomen**. Además, todos presentan **antenas** y **seis patas**. Algunos tienen **alas**, como las moscas, y otros no, como los pececillos de plata.

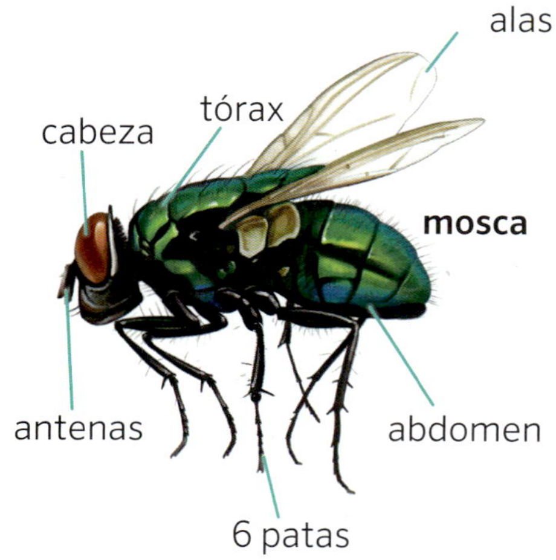

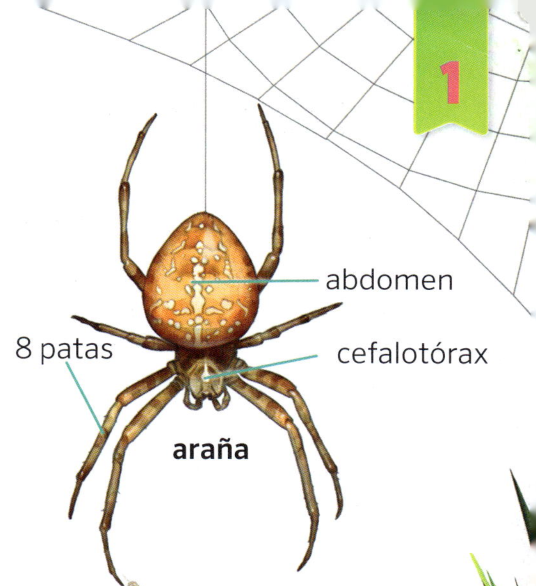

Artrópodos con ocho patas: los arácnidos

Los arácnidos, como los escorpiones y las arañas, presentan un cuerpo dividido en dos partes: **abdomen** y **cefalotórax**. El cefalotórax es la unión de la cabeza y el tórax. Además, todos poseen **ocho patas** y no tienen antenas ni alas.

Artrópodos con diez patas: los crustáceos

La mayoría de los crustáceos tienen el cuerpo dividido en dos: **cefalotórax** y **abdomen**. Ninguno presenta **alas**, pero todos poseen **dos antenas** y **diez patas**. En algunos crustáceos, como los cangrejos de río, dos de sus patas son en forma de pinza.

Los **artrópodos** se clasifican en varios grupos, como **insectos**, **arácnidos** y **crustáceos**.

Actividades

3 Clasifica los animales dibujados en estas dos páginas.

Insectos	Arácnidos	Crustáceos
●●●	●●●	●●●

smSaviadigital.com
JUEGA Y APRENDE Crea tu propio artrópodo.

3 Los moluscos y los gusanos

Esther está jugando en el parque con sus amigos. De repente, encuentra una lombriz escondida en la tierra y, justo al lado, sobre una hoja, un caracol. ¡Qué cuerpo más blandito tienen! ¿Qué animales serán?

Tanto la lombriz de tierra como el caracol son animales invertebrados, pero no tienen patas articuladas, luego no son artrópodos. ¿A qué grupo pertenece cada uno de estos animales? Vamos a verlo.

Los moluscos

Los **moluscos** son el segundo grupo más numeroso y diverso entre los animales invertebrados, después de los artrópodos. Algunos moluscos son terrestres, como el caracol y la babosa, y otros son marinos, como es el caso del mejillón o el pulpo.

Aunque estos animales parecen muy distintos entre sí, todos ellos presentan un **cuerpo blando** y **musculoso**.

Excepto la babosa y el pulpo, casi todos los moluscos tienen **concha**. Los moluscos con concha se pueden clasificar en los siguientes grupos:

- **Moluscos con dos conchas**, como, por ejemplo, el mejillón, la almeja o la navaja. Las conchas de estos moluscos reciben el nombre de **valvas**.
- **Moluscos con una concha**, como el caracol.
- **Moluscos con concha interna**, como el calamar o la sepia.

¿Sabías que...?

Las perlas se forman en el interior de las ostras

Cuando una materia extraña penetra en la ostra, para evitar que dañe su cuerpo, esta empieza a producir una sustancia que la recubre y de esa manera se forma la perla.

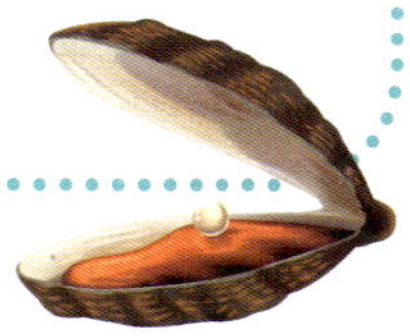

Observa y comprende ▶ Moluscos con concha

Los gusanos

Los gusanos son animales invertebrados que carecen de concha. Tienen un cuerpo alargado y blando, que generalmente está formado por **anillos**.

smSaviadigital.com
PRACTICA Identifica los moluscos.

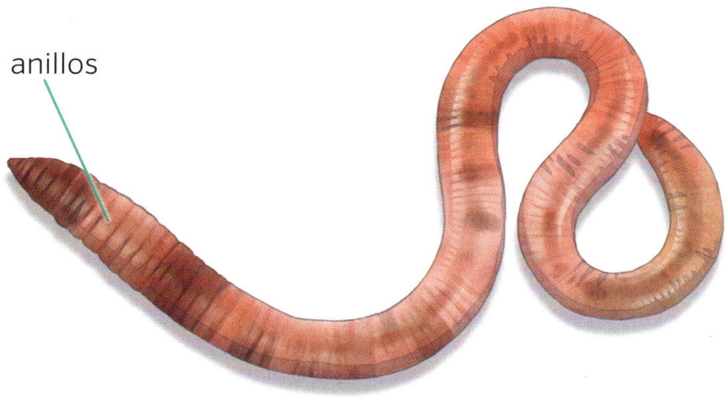

Algunos gusanos, como las lombrices de tierra, viven en el medio terrestre, y otros, como, por ejemplo, los nereis, viven en el medio acuático.

Hay algunos gusanos que son parásitos, es decir, viven dentro de otros animales y obtienen provecho de ellos o los perjudican. La tenia es un ejemplo de gusano parásito.

- Los **moluscos** presentan un cuerpo **blando** y **musculoso**. La mayoría tienen el cuerpo protegido por conchas.
- Los **gusanos** poseen un cuerpo **alargado**, y casi todos lo tienen dividido en **anillos**.

Actividades

4 Indica cuáles de los siguientes animales son moluscos.

mejillón | pulpo | nereis | libélula

5 Corrige las oraciones en tu cuaderno.

a) El caracol es un gusano con concha.

b) El calamar en un animal vertebrado.

4 Otros animales invertebrados

Carlos se ha ido a bucear con sus padres. ¡Qué animales más bonitos hay! Estrellas y esponjas de un montón de colores diferentes, y esos animales tan extraños que parecen bolsas nadando... ¡Son las medusas!

Las **esponjas**, las **medusas** y las **estrellas de mar** son animales invertebrados que pertenecen a tres grupos diferentes que viven en el medio acuático.

Las esponjas

Las esponjas viven **fijas** e **inmóviles** en el fondo del mar. Su cuerpo está lleno de pequeños agujeros o **poros** a través de los cuales entra el agua del mar. Así toman del agua las sustancias que necesitan para alimentarse.

Las medusas

Las medusas son animales invertebrados que tienen el cuerpo **gelatinoso** y con forma de campana. De él cuelga una especie de péndulo donde se encuentra la **boca**, que puede estar rodeada por **tentáculos** con veneno. Las medusas utilizan el veneno para cazar a sus presas.

Los equinodermos

Las estrellas y los erizos de mar pertenecen al grupo de los equinodermos. Su cuerpo comparte estas características:

- Está cubierto por una especie de **placas duras**.
- Posee una serie de prolongaciones que reciben el nombre de **pies** y les sirven para desplazarse.

- Las **esponjas** tienen el cuerpo cubierto de **poros**.
- Las **medusas** tienen un cuerpo **gelatinoso** y muchas de ellas poseen **tentáculos**.
- Los **equinodermos** tienen el cuerpo cubierto de **placas** y usan una especie de **pies** para desplazarse.

Actividades

6. ¿Cómo se desplaza una estrella de mar?
7. ¿En qué se parecen una estrella y un erizo de mar? ¿Y una estrella y una medusa?

Así se construye la ciencia

¿Qué utilizamos para observar los animales?

PASO 1 **Nos fijamos en el tamaño** de los animales.

PASO 2 **Elegimos el instrumento** más adecuado para observar cada animal.

Razono

1. Indica en qué situación utilizarías los instrumentos representados en las siguientes imágenes.

a 

b 

c 

Pongo en práctica

2. ¿Con qué instrumento observarías este animal invertebrado? Indica a qué grupo pertenece según sus características.

Organiza tus ideas

Los invertebrados

se clasifican en grupos

- Artrópodos
- Gusanos
- Moluscos
  - se clasifican en
    - Sin concha
    - Con dos conchas
    - Con una concha
    - Con concha interna
- Medusas
- Esponjas
- Equinodermos

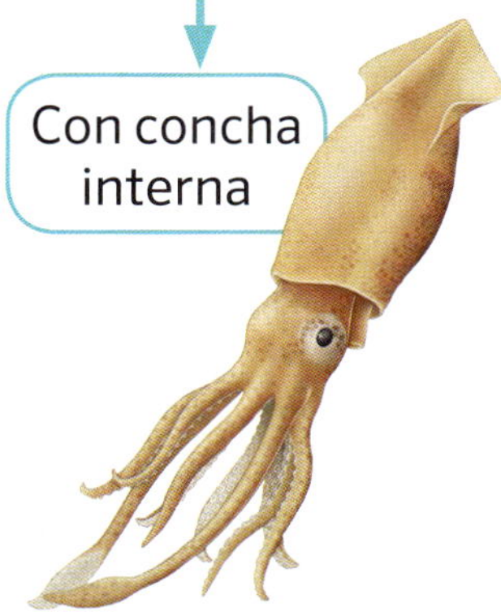

Trabaja con el esquema

1. Copia el esquema en tu cuaderno. Después añádele los grupos de artrópodos que existen.

2. Indica a qué parte del esquema corresponden estas imágenes.

a 

b 

c 

3. ¿Qué características tienen en común los animales anteriores?

4. Transforma la clasificación de los moluscos del esquema en un resumen. Puedes empezar así:

   Los moluscos son un grupo de animales invertebrados que se clasifican en...

5. ¿Qué moluscos con dos conchas conoces, además del que aparece en el esquema?

6. ¿Qué imágenes del esquema podrían ser sustituidas por estas otras?

a 

b 

Repasa la unidad

1 Copia esta tabla en tu cuaderno e incluye cuatro invertebrados en cada columna.

Terrestres	Acuáticos
●●●	●●●

2 Cuenta las patas de los artrópodos y clasifícalos en esta tabla.

mariquita cangrejo araña libélula

Insectos	Arácnidos	Crustáceos
●●●	●●●	●●●

3 ¿Qué le sobra y qué le falta a este animal imaginario para ser un insecto? Dibújalo de forma correcta en tu cuaderno.

4 Escribe el nombre de:

a) Un invertebrado sin patas.

b) Un artrópodo acuático.

c) Un molusco con concha interna.

d) Un artrópodo volador.

5 Un bicho bola tiene diez patas. ¿A qué grupo de artrópodos crees que pertenece?

6 Dibuja estos animales en tu cuaderno y señala estas partes donde corresponde.

cefalotórax cabeza ala abdomen

tórax pata antena

7 Forma parejas con animales que sean del mismo grupo y escríbelas en tu cuaderno.

erizo de mar libélula lombriz sepia nereis
estrella de mar mosquito mejillón

8 Sal del laberinto siguiendo el camino de los animales invertebrados. ¿A qué grupo pertenece cada uno de los animales por los que has pasado?

9 ¿Qué tienen en común un escarabajo y un cangrejo? ¿En qué se diferencian?

10 ¿A qué grupo de invertebrados corresponden estas características?

Tienen tentáculos.

Tienen el cuerpo gelatinoso.

smSaviadigital.com

VALORA LO APRENDIDO Comprueba lo que sabes en la **autoevaluación**.

Ponte a prueba

Adivina quién es el intruso

Uno de estos cuatro animales se ha colado en casa de Iván. ¿Cuál habrá sido? Lee con atención las pistas para averiguarlo.

El artrópodo con el cuerpo dividido en dos partes se ha comido al que lo tiene dividido en tres, pero luego ha sido cazado por el camaleón de Iván.

El que no es artrópodo y no tiene concha vivía en el jardín de Iván, pero se ha ido al del vecino.

El molusco se encuentra en una lechuga que ha comprado la madre de Iván para la ensalada.

1. ¿Qué artrópodo ha sido cazado por el camaleón de Iván?
2. ¿A quién se había comido el artrópodo que cazó el camaleón?
3. ¿Qué animal invertebrado que no se trata de un artrópodo se ha escapado al jardín del vecino de Iván?
4. ¿Quién es el intruso?

Tarea final **Comer sin boca**

Ya has visto todos los invertebrados que existen. Hay algunos, por ejemplo las esponjas, que no tienen boca como nosotros. ¿De qué manera se alimentan? ¡Vamos a hacer una simulación!

PASO 1 Echad agua en un vaso con unas gotas de tinta y una cucharada de pan rallado.

PASO 2 Cread el cuerpo de la esponja lleno de poros. Poned un filtro de cafetera en un embudo y colocadlo en una jarra.

PASO 3 Removed la mezcla y echadla por el embudo. Quedará en el filtro el pan rallado coloreado y el agua caerá al vaso. ¿Qué representa el pan rallado? ¿Y el agua?

smSaviadigital.com

VALORA LO APRENDIDO ¿Cómo has trabajado?

Ingeniosos sistemas de defensa

¡Toma tinta!

Los pulpos y calamares, cuando se sienten amenazados, lanzan un chorro de tinta oscura que, con el agua, forma una especie de nube. Así despistan a su perseguidor y pueden escapar. Además, esta tinta altera el sentido del olfato de algunos de los enemigos de los pulpos, como los tiburones, lo que también les ayuda a huir. Son muy listos estos pulpos, ¿verdad?

¡Y toma tripas!

El pepino de mar es un equinodermo que, cuando es atacado por otro animal, lanza parte de sus intestinos para que el depredador se distraiga comiendo y le deje en paz. Luego regenera los órganos que había disparado.

¿Qué tienen en común un calamar y un pepino de mar?

¡Que te veo!

La vieira es un molusco que tiene ¡entre 50 y 100 ojos en el borde de su concha!

Esos ojos no distinguen bien las formas, pero sí los cambios de luz y el movimiento. Si nota una sombra sobre ella, bate las dos partes de su concha y sale pitando.

¿Cómo se llaman las dos partes de la concha de la vieira?

Yo te ayudo, tú me ayudas

Observa la imagen. ¿Te parece que la hormiga ataca a los pulgones? Pues no, ¡ocurre todo lo contrario!

El pulgón segrega un líquido azucarado que a la hormiga le encanta. Para que el pulgón haga este líquido más dulce, la hormiga le acaricia con sus antenas.

A cambio de este "postre", la hormiga protege al pulgón. Lo mueve a hojas frescas cuando las hojas se secan. Si llueve, la hormiga corre para resguardarlo y lo pone debajo de las hojas. Y que a ninguna mariquita se le ocurra intentar comérselo... ¡Menuda paliza recibe!

¿De qué parte del cuerpo le salen las patas a la hormiga?

¡Mmmmhhhh! ¡Qué rico está!

Seguro que has visto muchas mariposas de diferentes tamaños y colores volando entre las flores del campo. Lo que seguro que no sabes es que las mariposas son los únicos animales de la Tierra que tienen el sentido del gusto en las patas.

De esta manera pueden saber si las plantas o los restos sobre los que se posan están en mal estado o son venenosos. ¡Menuda forma tan ingeniosa de prevenir los dolores de tripa!

¿Qué tipo de artrópodo es la mariposa?

2 Los vertebrados

¿Tigres en nuestro país?

Los paleontólogos se dedican a buscar, desenterrar y estudiar restos de animales que vivieron hace miles e incluso millones de años.

Estos expertos reconstruyen la historia de la Tierra pieza a pieza, como si se tratara de un puzle. Gracias a sus hallazgos sabemos que en nuestro planeta vivieron animales muy diferentes, incluso antes de que los primeros seres humanos habitaran en él.

Hace años, descubrieron restos de animales en el centro de la península Ibérica. Entre ellos hallaron esqueletos de tigres dientes de sable, hienas y perros oso. ¡Increíble! Fíjate en la imagen. Así es cómo se imaginan que era nuestro país hace muchos, muchísimos años.

Hablamos

1. ¿A qué se dedican los paleontólogos?
2. ¿Crees que los seres humanos han vivido en la Tierra desde que se formó nuestro planeta? ¿Por qué?
3. Localiza en la escena los animales que se mencionan en el texto. ¿Cómo los clasificarías? Elige la opción correcta para cada uno.

   herbívoros | carnívoros | omnívoros

4. En la imagen aparecen representados otros seres vivos, aparte de los que se citan en el texto. ¿A qué animales de los que viven hoy día se parecen?

¡Qué importante es... la curiosidad científica!

Gracias a la labor de los científicos, hoy día conocemos cómo eran los animales del pasado.

Tarea final

En la Antigüedad, las personas creían en la existencia de animales increíbles e imaginarios. ¿Quieres conocerlos?

1 Los mamíferos

En esta reunión de animales se han colado cuatro que no son mamíferos. Fíjate bien y descubre a los intrusos.

Los mamíferos presentan una serie de similitudes, tanto en su aspecto como en su forma de vida. Vamos a conocerlas.

¿Cómo es el cuerpo de los mamíferos?

A simple vista, casi todos los animales mamíferos comparten las siguientes características:

- Casi todos tienen el cuerpo cubierto de **pelo**.
- Poseen **cuatro extremidades**. Los terrestres tienen las extremidades en forma de **patas**, y los acuáticos, como los delfines y las ballenas, en forma de **aletas**. Los murciélagos son los únicos mamíferos voladores y presentan **alas**. Además, la gran mayoría de mamíferos tienen **cola**.
- En la boca poseen **dientes** y **labios,** que utilizan para mamar.
- Tienen **mamas**. En las hembras, las mamas producen leche para alimentar a sus crías.

¿Cómo viven los mamíferos?

En nuestro planeta viven una gran variedad de animales mamíferos, pero ¿sabes cómo se alimentan, cómo nacen y cómo respiran?

- Según su tipo de alimentación, los mamíferos pueden ser **carnívoros**, **herbívoros** u **omnívoros**.

- Casi todos los mamíferos son **vivíparos**.
- Todos respiran a través de **pulmones**. Por este motivo, los mamíferos que, como las ballenas o los delfines, viven en el medio acuático suben a la superficie a respirar.

Los **mamíferos** tienen **pelo**, **dientes** y **labios**. Todos respiran a través de **pulmones** y **maman** después de nacer.

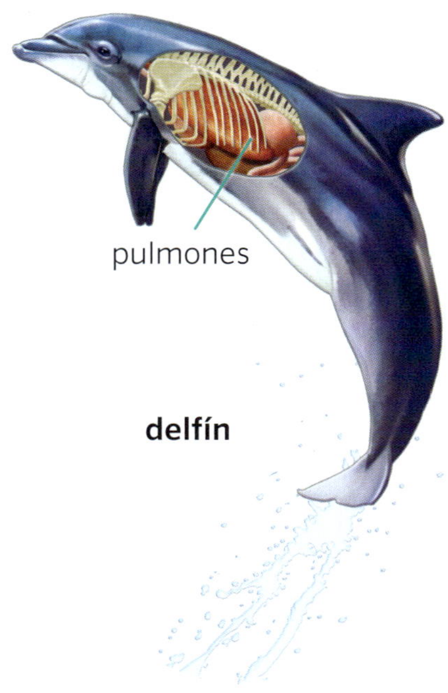

Actividades

1. ¿Qué características comparten todos los animales que pertenecen al grupo de los mamíferos?
2. Escribe el nombre de tres mamíferos carnívoros que tengan el cuerpo totalmente cubierto de pelo.
3. ¿Qué tipo de extremidades pueden presentar los mamíferos? ¿De qué depende que tengan unas u otras?

2 Las aves

¿Sabías que algunos científicos han hallado restos de algunos dinosaurios con alas y plumas?

Sorprendidos por el parecido entre estos dinosaurios y las aves, los científicos decidieron estudiarlos en profundidad.

Los expertos llegaron a la asombrosa conclusión de que las aves, que hoy día conviven con nosotros, son descendientes de algunos de los dinosaurios que desaparecieron de la Tierra hace millones de años.

dinosaurio con plumas

¿Cómo es el cuerpo de las aves?

Las aves comparten los siguientes rasgos:

- Tienen el cuerpo cubierto de **plumas** para protegerse del frío y de la lluvia.
- Poseen **cuatro extremidades**. Las delanteras tienen forma de **alas** y las traseras son **patas** cubiertas de escamas. Casi todas las aves utilizan las alas para volar, pero otras, como los kiwis o los pingüinos, no pueden hacerlo. Todas las aves tienen **cola**.
- Su boca tiene forma de **pico** y carecen de **dientes**.

Ave voladora
petirrojo

avestruz
Ave no voladora

smSaviadigital.com
PRACTICA ¿Cómo son las aves?

¿Cómo viven las aves?

Las aves se alimentan, nacen y respiran del siguiente modo:

- Algunas son **carnívoras**, como el martín pescador o el águila. Otras son **herbívoras**, como el canario o el colibrí. Y otras aves son **omnívoras**, como ocurre en el caso del petirrojo y el avestruz. La forma del pico de las aves varía según el tipo de alimento que toman.
- Todas son **ovíparas**. Después de la puesta, la gran mayoría de las aves incuban sus huevos y cuidan de sus crías cuando nacen.
- Todas las aves respiran a través de **pulmones**.

herrerillo

Las **aves** tienen **plumas**, **pico** y **alas**. Todas son **ovíparas** y respiran mediante **pulmones**.

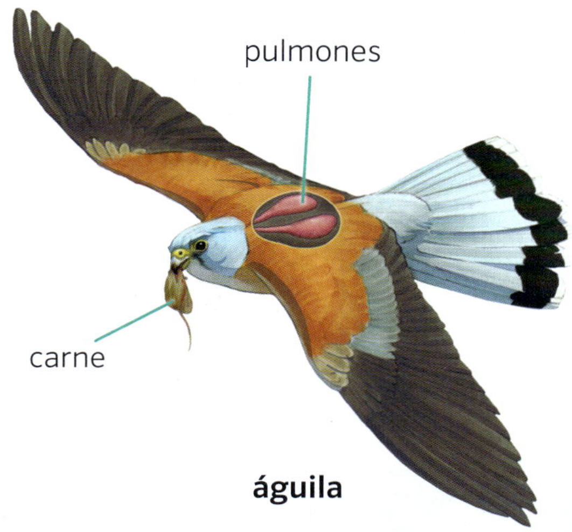

águila

colibrí

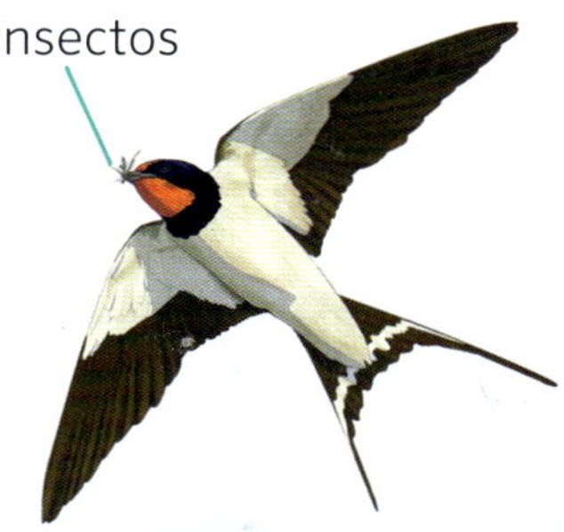

golondrina

buitre

Actividades

4. ¿Qué características tiene el cuerpo de las aves?
5. Copia la tabla en tu cuaderno y clasifica las aves que aparecen y se citan en estas dos páginas.

Carnívoras	Herbívoras	Omnívoras
●●●	●●●	●●●

3 Los reptiles y los peces

Algunos reptiles, como las tortugas, pueden vivir dentro y fuera del agua, pero ninguno vive en ella durante toda su vida. Sin embargo, los peces viven siempre en este medio, porque están adaptados a respirar bajo el agua. ¿Qué otras diferencias hay entre estos dos grupos de animales?

¿Cómo es el cuerpo de los reptiles?

La mayoría de los reptiles presentan los siguientes rasgos:

- Tienen la piel cubierta de **escamas**. Algunos reptiles, como la tortuga, poseen un caparazón para proteger su cuerpo.
- Existen reptiles, como las lagartijas, que presentan **cuatro extremidades** cortas en forma de patas. Otros, como, por ejemplo, las serpientes, carecen de ellas y **reptan** para poder desplazarse. Casi todos los reptiles tienen **cola**.

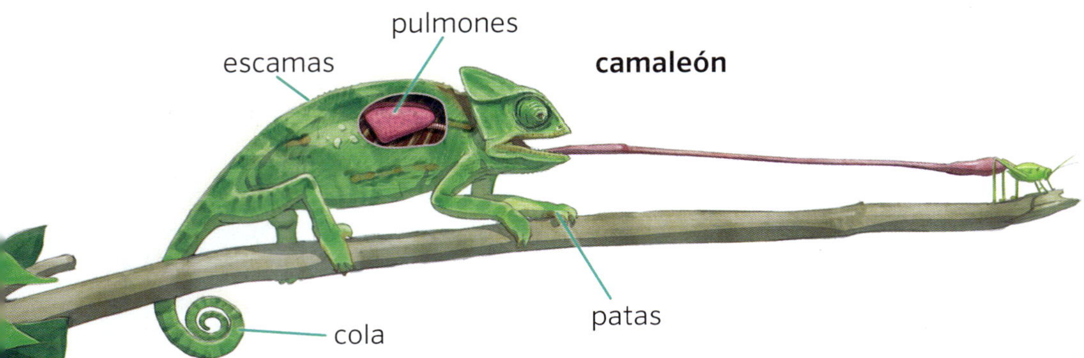

¿Cómo viven los reptiles?

Se alimentan, nacen y respiran del siguiente modo:

- La mayoría son **carnívoros**, como los cocodrilos, aunque hay algunos reptiles, como las iguanas, que son **herbívoros**.
- Son **ovíparos**. No incuban sus huevos, ni cuidan sus crías.
- Todos los reptiles respiran a través de **pulmones**.

¿Cómo es el cuerpo de los peces?

Los peces comparten las siguientes características:

- La gran mayoría tienen el cuerpo cubierto de **escamas**.
- Los peces presentan extremidades en forma de **aletas** para desplazarse a través del agua. También tienen **cola**.

smSaviadigital.com
COMPRENDE ¿Cómo son los peces?

¿Cómo viven los peces?

Todos los peces se alimentan, nacen y respiran de la siguiente manera:

- La gran mayoría de los peces son **carnívoros**, como los rapes, aunque también los hay **herbívoros**, como los peces loro, y **omnívoros**, como los peces rojo.
- Todos son **ovíparos**. Después de la puesta, los peces no incuban sus huevos y no cuidan de sus crías.
- Todos los peces respiran a través de **branquias**. Las branquias se encuentran a ambos lados de la cabeza de los peces y les permiten respirar bajo el agua.

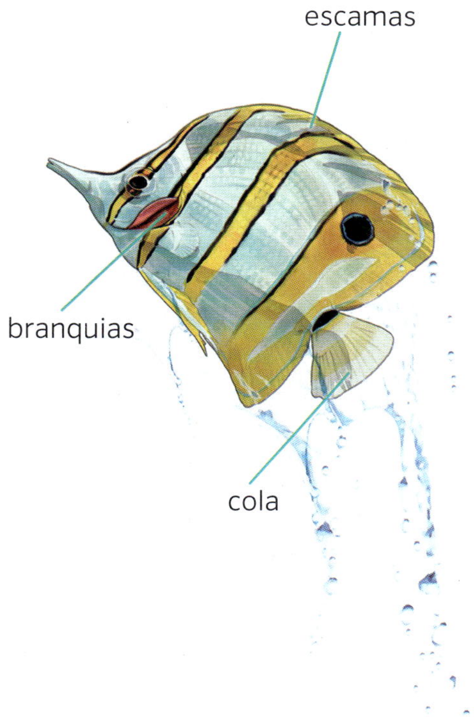

- Los **reptiles** y los **peces** presentan el cuerpo cubierto de **escamas** y son **ovíparos**.
- Los reptiles respiran a través de **pulmones**, y los peces, a través de **branquias**.

Actividades

6 Copia esta tabla en tu cuaderno y clasifica las siguientes características de los reptiles y los peces.

Características de los reptiles	Características de los peces
•••	•••

escamas · patas · huevos · pulmones · aletas · branquias

4 Los anfibios

A simple vista una salamandra, un tritón y un sapo son animales muy diferentes entre sí, pero todos pertenecen al grupo de los anfibios. ¿Quieres conocer qué características comparten para pertenecer al mismo grupo de animales?

¿Cómo es el cuerpo de los anfibios adultos?

Los anfibios presentan las siguientes características:

- Todos los anfibios tienen la piel **húmeda** y **desnuda**, es decir, no está cubierta de pelo, plumas ni escamas.
- Poseen **cuatro extremidades**. Algunos anfibios, como, por ejemplo, los sapos, tienen las patas traseras muy fuertes y largas, lo que les permite dar saltos. Otros, como los tritones y las salamandras, tienen **cola**.
- Los anfibios poseen una **lengua larga** y **pegajosa** con la que capturan su alimento.

¿Cómo viven los anfibios adultos?

Los anfibios son animales que se alimentan, nacen y respiran de la siguiente manera:

- Casi todos son **carnívoros** y se alimentan de pequeños invertebrados, como insectos y arañas.
- Todos son **ovíparos**. Los anfibios ponen los huevos en el agua y no los incuban.
- Todos respiran a través de **pulmones** y, también, a través de su **piel** cuando está húmeda.

La metamorfosis

Después de su nacimiento, los anfibios sufren una serie de transformaciones hasta que llegan a la edad adulta. A lo largo de este proceso, denominado **metamorfosis**, su cuerpo y su forma de vida cambian completamente.

Para entender mejor estos cambios, veamos la metamorfosis de una rana paso a paso:

- La rana adulta pone los huevos en el agua. De cada uno de los huevos sale un **renacuajo** que nace con cola y sin patas. Los renacuajos viven en el agua, respiran a través de branquias y son herbívoros.
- Durante el tiempo en que los renacuajos viven exclusivamente en el agua, la cola desaparece poco a poco y les salen patas.
- Cuando alcanzan la edad adulta, los renacuajos se convierten en ranas y abandonan el agua, aunque suelen vivir siempre cerca de ella.

Los anfibios tienen la **piel desnuda** y son **ovíparos**. Son el único grupo de vertebrados que sufre **metamorfosis**.

smSaviadigital.com
JUEGA Y APRENDE Descubre cómo son los anfibios.

Actividades

7 Completa esta tabla con las diferencias entre la rana adulta y el renacuajo que sale del huevo.

	Renacuajo	Rana
¿Dónde vive?	•••	•••
¿Qué come?	•••	•••
¿Cómo es su cuerpo?	•••	•••
¿Cómo respira?	•••	•••

Así se construye la ciencia

Interpreto algunos códigos de la naturaleza

PASO 1 **Nos fijamos en el código corporal de los perros**, es decir, en la posición de su cuerpo, para identificar cómo se sienten.

PASO 2 **Comparamos** las posturas que aparecen en el código con las que tienen los perros del parque para saber cómo se sienten.

Razono

1. El comportamiento y la posición que adopta el cuerpo de cada perro es una respuesta a la situación que vive. Fíjate en la escena del parque y localiza al perro que se muestra en posición sumisa. Después, describe las circunstancias en las que se encuentra para reaccionar de ese modo.

Pongo en práctica

2. ¿Cuáles de las posturas del código reconoces en los perros del parque?
3. El código postural puede ir acompañado con distintos tipos de ladridos y de gemidos. ¿Qué tipo de sonido crees que emite cada perro del parque canino por su comportamiento?

Organiza tus ideas

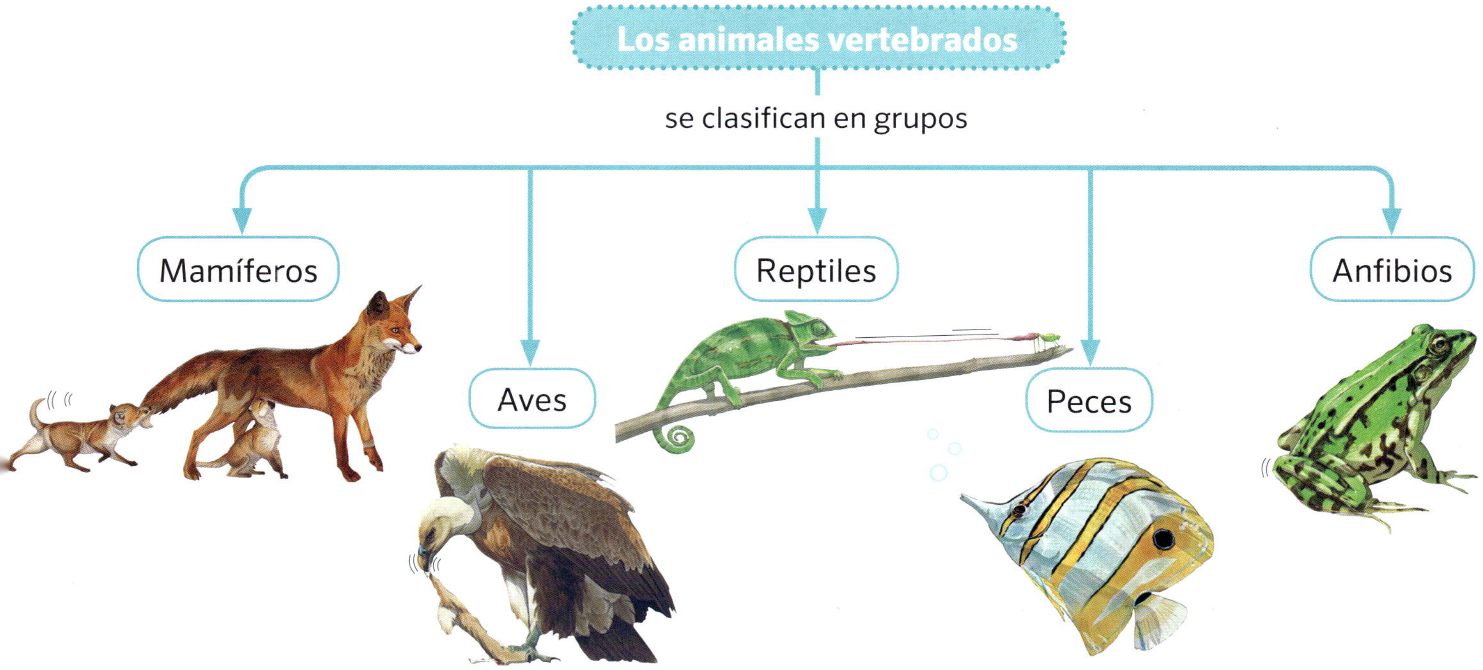

Trabaja con el esquema

1. Observa los animales que aparecen en el esquema y completa.
   - a) Las ●●● tienen el cuerpo cubierto de ●●● y su boca tiene forma de ●●●. Todas respiran a través de ●●● y son ●●●.
   - b) Los ●●● tienen la piel cubierta de ●●●. Casi todos tienen cuatro extremidades, excepto las serpientes, que ●●● para desplazarse. Todos son ●●● y respiran a través de ●●●.

2. ¿En qué grupo del esquema incluirías a los siguientes animales? Después, escribe tres semejanzas y tres diferencias que existan entre ellos.

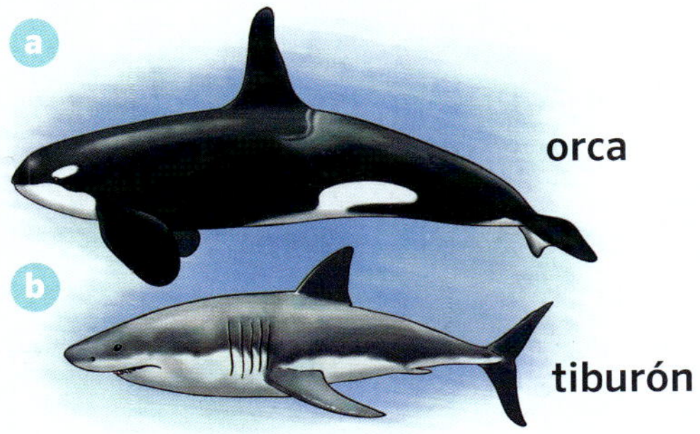

3. ¿Qué grupo de animales de los que hay en el esquema sufre la metamorfosis? Fíjate en la siguiente imagen y describe en tu cuaderno los pasos que están señalados en él.

4. Copia en tu cuaderno el esquema que se incluye en esta página. Después, añade el nombre de cuatro animales que pertenezcan a cada uno de los grupos que aparecen en el esquema.

Repasa la unidad

1 Descubre en esta larguísima cola el nombre de catorce vertebrados. Después, escribe a qué grupo pertenece cada uno de ellos. Fíjate en el ejemplo.

Mamíferos: elefante, ...

sapovíbora**elefante**tortugatiburónsalmónbuitreratóngaviotacocodriloleónsalamandrasardinarana

2 Estos animales tienen una duda. Ayúdales a resolverla. Escribe la solución a su problema en tu cuaderno.

3 ¿Qué tienen en común los reptiles, los anfibios y las aves? Escribe en tu cuaderno las características que comparten estos tres grupos de animales.

Son vivíparos

Son vertebrados

Con plumas

Respiran con pulmones

Con escamas

Son carnívoros

Son ovíparos

4 Escribe tres semejanzas y tres diferencias entre una trucha y una ballena.

5 Este es un grifo, un ser imaginario. ¿Qué dos grupos de vertebrados se mezclan en él? Escribe tres características de cada uno.

6 Copia la tabla y sustituye los números por el nombre del animal que corresponde en cada uno de los casos.

	Branquias	Escamas	Pulmones
1			✓
2		✓	✓
3	✓	✓	

7 Copia esta ficha en tu cuaderno. Después, complétala con los datos de algún animal de los que aparecen en la unidad.

Nombre del animal:	Se alimenta de:
Grupo:	Extremidades:
Cuerpo cubierto de:	Boca:
Respira por:	Vive en:

smSaviadigital.com

VALORA LO APRENDIDO Comprueba lo que sabes en la **autoevaluación**.

Ponte a prueba

¿En qué grupo incluimos a este bicho?

Durante un viaje a Australia, John Hunter observó unos animales un tanto extraños. El hallazgo puso en un aprieto a John y a otros expertos en animales. Esta es la historia del ornitorrinco.

1. Imagina qué pensó John al observar al ornitorrinco y completa las oraciones.
   a) Tiene pelo, debe ser un ●●●.
   b) Tiene pico, debe ser un ●●●.
   c) Pone huevos, puede ser un ●●●, o un ●●●, o un ●●●, o un ●●●.
   d) Las crías se alimentan de la leche de su madre, debe ser un ●●●.

2. Con el tiempo, los expertos llegaron a la conclusión de que el ornitorrinco pertenece al grupo de los mamíferos. ¿Estás de acuerdo? ¿Por qué?

Tarea final Seres mitológicos

Desde la Antigüedad las personas han imaginado seres mitológicos. Estos seres son la mezcla de partes de diferentes animales. ¿Quieres conocer alguno de ellos?

PASO 1 En grupos, elegid uno de estos seres mitológicos y haced un mural con su dibujo.

PASO 2 Después, observadlo con atención y señalad las partes de los diferentes grupos de vertebrados que se mezclan en él.

PASO 3 Con la ayuda de un adulto, buscad información en internet acerca de su leyenda. Después, escribid en el mural un resumen donde la explicáis.

basilisco

sirena

smSaviadigital.com

VALORA LO APRENDIDO ¿Cómo has trabajado?

Tu revista

Ropa de temporada

Durante las épocas más calurosas del año, el armiño luce un precioso pelaje marrón. Pero, al llegar la nieve y el frío, su pelo se vuelve de color blanco.

¿Por qué cambia de color el armiño según las estaciones del año? Porque así puede camuflarse mejor y evita que sus posibles depredadores lo vean fácilmente.

Además de tener pelo, ¿qué otras características presentan los mamíferos?

¡Menudo cuello!

Si comparamos el cuello de una jirafa con el nuestro, veremos que la diferencia de tamaño es enorme. Pero, aunque parece increíble, su cuello está formado por el mismo número de huesos que el nuestro.

¿Cómo se llaman los animales con huesos?

Vuela y vuela sin parar

A lo largo de su vida, los vencejos recorren una distancia seis veces mayor que la que existe entre la Tierra y la Luna.

A estos pajarillos les gusta tanto volar que no se posan en el suelo, excepto para incubar los huevos. Los vencejos comen e incluso duermen en el aire.

¿Conoces algún ave que no pueda volar? Cítala.

El hornero, el mejor arquitecto

Los horneros viven en pareja y juntos construyen su hogar. Durante varias semanas, estos pájaros fabrican sus nidos con barro, ramitas y otros materiales. El resultado de tanto esfuerzo es una casa resistente y con varias habitaciones, una de ellas preparada para la llegada de sus pequeños polluelos.

¿Cómo se reproducen las aves?

El lagarto más grande del mundo

El dragón de Komodo puede medir de dos a tres metros de largo y alcanza los setenta kilos de peso. Aunque por su tamaño podemos pensar que este reptil es lento, nada más lejos de la realidad: el dragón de Komodo es buen nadador, corre a gran velocidad e incluso es capaz de trepar a los árboles.

Los reptiles, ¿son ovíparos o vivíparos?

Pez payaso

Cuando nacen, los peces payaso son machos y, a medida que crecen, se transforman en hembras para poder tener descendencia.

¿Cómo respiran los peces?

¡Mira!

¡Alucina con la boca de la ballena azul!

La ballena azul, ¿es un pez o un mamífero?

Hola, me llaman la rana vidrio o rana cristal. ¿Adivinas por qué?

Además de la rana, ¿qué otro animal conoces que sufra metamorfosis? ¿A qué grupo pertenece?

¿Qué características típicas de las aves tienen los ornitorrincos?

Un animal increíble

Los ornitorrincos nacen de huevos. Durante 28 días la madre lo transporta en su vientre y, después de la puesta, lo incuba unos días antes de que se rompa el cascarón y nazca el pequeño ornitorrinco. Las hembras producen leche, pero no tienen pezones, sino glándulas que "sudan" leche y que sus crías lamen.

Los machos tienen un espolón con veneno. Aunque no es lo suficientemente potente para matar a una persona, sí puede ser mortal para animales de pequeño y mediano tamaño.

Comprueba lo que has aprendido

Test

¿Recuerdas todo lo que has aprendido durante este trimestre? Compruébalo en este test.

1. ¿Qué animales están representados?

A. Moluscos, equinodermos y gusanos.
B. Moluscos, artrópodos y medusas.
C. Artrópodos, esponjas, medusas.

2. Si un cangrejo pierde cuatro patas, se queda con el mismo número de patas que...

A. un gusano.
B. un escorpión.
C. una hormiga.

3. ¿Cuáles son las características principales de los equinodermos?

A. Tienen el cuerpo cubierto de tentáculos y placas duras.
B. Su cuerpo está lleno de poros y viven fijos.
C. Tienen placas duras y muchos pies para moverse.

4. ¿Qué grupo de animales presenta estas tres características?

escamas — ovíparos — pulmones

A. Mamíferos
B. Reptiles
C. Peces

5. ¿Qué añadirías al dibujo de este animal para que sea un mamífero?

A. Pico y plumas.
B. Pelo, aletas y dientes.
C. Mamas, pelo y boca con dientes.

6. ¿Qué animales se comerán las lechugas de Alejandro?

A. El guepardo.
B. La cebra y el oso.
C. A ninguno de estos animales les gustan las lechugas.

smSaviadigital.com REPASA

Conocemos y cuidamos a los seres vivos

Adriana y sus amigos han decidido adoptar unos seres vivos como mascotas y nos cuentan cómo cuidan de ellas.

1. Clasifica las mascotas de Adriana y sus amigos según su esqueleto.
2. ¿Qué tipo de alimentación necesitan los animales de Iván y Mireia? ¿Es la misma que la de las gallinas de Natalia? Razona.
3. ¿A qué grupo de vertebrados pertenecen las mascotas de Adriana y Natalia?
4. ¿Qué tienen en común las mascotas de Mireia e Iván? ¿En qué se diferencian?
5. ¿Qué tipo de invertebrado es el saltamontes de Iván? ¿En qué grupos se divide este tipo?
6. La rana de Rubén era un renacuajo cuando nació. ¿Cómo se llama el proceso por el que se convirtió en rana?

El campo, nuestro gran supermercado

PROYECTO TRIMESTRAL
Descubrimos la naturaleza

Cultivos muy naturales

Gracias a la agricultura, cultivamos plantas para la alimentación de los seres humanos y de los animales. Por eso, debemos cuidar estas plantas y ponerlas a salvo de otros seres vivos que las atacan, como son algunos invertebrados, algunos hongos y ciertos mohos.

1 Compara estas imágenes y contesta a las preguntas.

a) ¿Qué plantas están sanas? ¿Cuáles no? Di en qué te basas.

b) El moho gris es un ser vivo que ataca principalmente a las frutas y verduras. Se caracteriza por cubrir la planta de una pelusilla grisácea. ¿Qué plantas de las fotografías están infectadas por moho gris? ¿A qué reino pertenece el moho gris?

c) Una de las hojas ha sido comida por un invertebrado. ¿Sabes cuál es? ¿A qué reino pertenecen los invertebrados?

2 Imagina que tienes una huerta plagada de pulgones. Lee en los siguientes folletos dos posibles métodos para eliminar la plaga y responde a las preguntas.

En primavera, las mariquitas resurgen con un hambre voraz, lo que es un peligro para los destructivos pulgones de nuestras huertas y jardines. Se calcula que pueden comer 5.000 pulgones en toda su vida. Además, también se alimentan de huevos de otros insectos dañinos como la mosca blanca y las polillas. Para atraer a las mariquitas a nuestros cultivos, basta poner plantas que a ellas les gustan, como la alfalfa, las zanahorias, las caléndulas y el cilantro. Este método es respetuoso con el medioambiente.

Los insecticidas químicos son productos de laboratorio que actúan muy rápidamente contra las plagas de nuestros campos. Hay muchos tipos y, entre ellos, hay algunos específicos contra los pulgones. El mayor problema de estos insecticidas es su capacidad de contaminar el medioambiente a través del aire, la tierra y el agua. Además, resultan dañinos para los peces y las aves. También está expuesto a sus efectos el ser humano, que puede sufrir dolores de cabeza, envenenamientos y problemas de crecimiento.

a) Compara los datos de los dos métodos. Copia y completa en tu cuaderno una ficha como la siguiente.

	 MARIQUITAS	 INSECTICIDA QUÍMICO
ORIGEN ANIMAL	●●●	●●●
DAÑINO PARA EL SER HUMANO	●●●	●●●
CONTAMINANTE	●●●	●●●
RÁPIDO	●●●	●●●

b) ¿Qué método elegirías para eliminar los pulgones de tu huerta? Explica a tus compañeros por qué has tomado esa decisión.

3 Las plantas

Las primeras flores de la Tierra

Hace millones de años, nuestro planeta estaba poblado por seres vivos inmensos como los helechos gigantes o el *Tyrannosaurus rex*. Fue entonces cuando aparecieron las primeras flores. No eran tan vistosas como las flores de ahora, pero añadieron colores a un mundo verde lleno de reptiles.

Durante esta época también vivieron unas pequeñas abejas que ayudaban a las plantas a multiplicarse. ¿Sabes cómo? Se posaban sobre las flores para alimentarse del néctar que estas producían y, sin darse cuenta, sus patas se llenaban de un polvillo llamado polen. Cuando las abejas volaban a otra flor, dejaban en ella el polen y, gracias a eso, las plantas podían reproducirse.

Hablamos

1. ¿Cómo se llama la sustancia que toman los insectos de las flores? ¿Y el polvillo que transportan en sus patas?
2. Observa las plantas de la imagen. ¿Qué criterios utilizarías para clasificarlas?
3. Haz una lista con todo lo que te proporcionan las plantas en tu vida cotidiana.

¡Qué importante es... la biodiversidad!

La gran variedad de plantas del mundo aporta una riqueza natural a la Tierra. Por eso, es fundamental conservar las semillas de todas las plantas.

Tarea final

Pon en práctica una técnica sencilla y natural de cultivo de semillas.

1 Las plantas

El reino de las plantas atesora el mayor secreto del planeta Tierra. Tanto la enorme secuoya como el musgo más diminuto conocen la fórmula para capturar la energía del sol y usarla para fabricar su alimento. ¿No parece magia?

Esa energía cazada por las plantas es la que llega a nosotros en los alimentos, y el oxígeno que producen lo usamos los animales para respirar. Además de este secreto, ¿qué otras características comparten todas las plantas?

¿Cómo son las plantas?

La gran mayoría de las plantas comparten las siguientes características:

- Son capaces de **fabricar su propio alimento**, por tanto, no dependen de otros seres vivos para poder alimentarse.
- Viven **fijas al suelo**, por tanto, no pueden desplazarse.
- La gran mayoría poseen **raíz**, **tallo** y **hojas**.

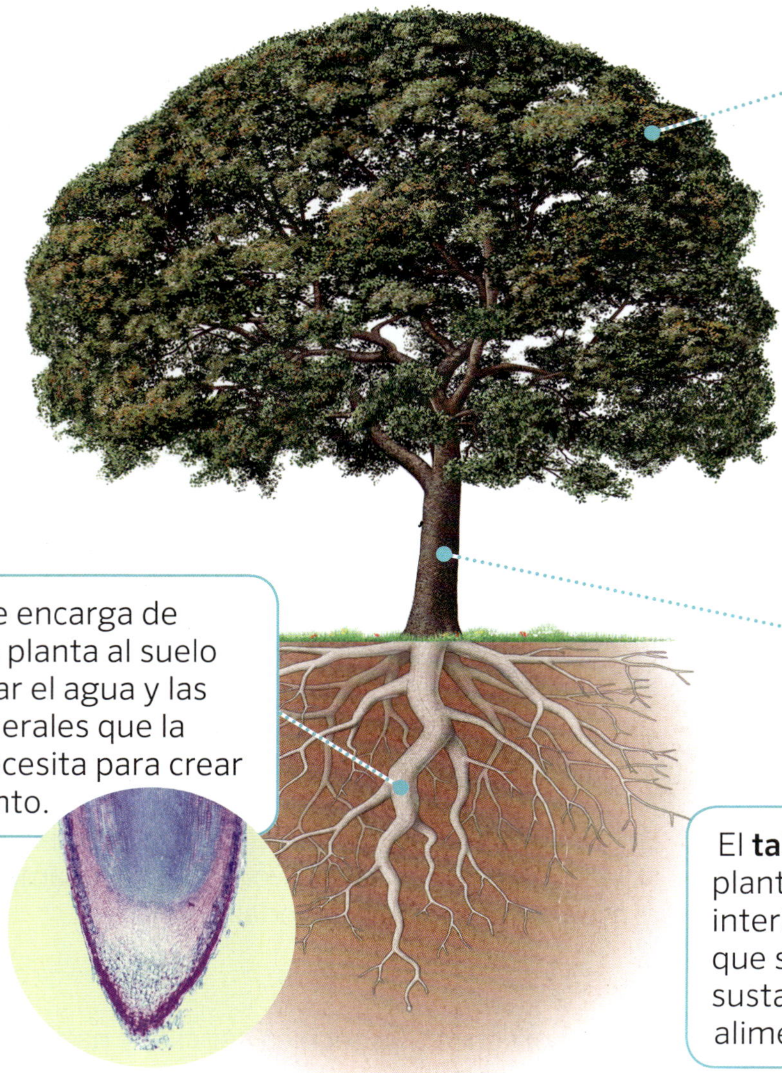

En las **hojas** la planta fabrica su propio alimento.

La **raíz** se encarga de sujetar la planta al suelo y de tomar el agua y las sales minerales que la planta necesita para crear su alimento.

El **tallo** mantiene erguida a la planta y sostiene las hojas. En su interior hay dos tipos de conductos que se encargan de distribuir las sustancias que absorbe la raíz y el alimento a través de la planta.

Las plantas según su tallo

Las plantas pueden ser herbáceas o leñosas según sea su tallo.

- Las **plantas leñosas** poseen un tallo duro y se clasifican en dos grupos: en **árboles**, como el roble, y en **arbustos**, como el rosal.
- Las **plantas herbáceas** tienen un tallo delgado y flexible, como el trigo y el geranio.

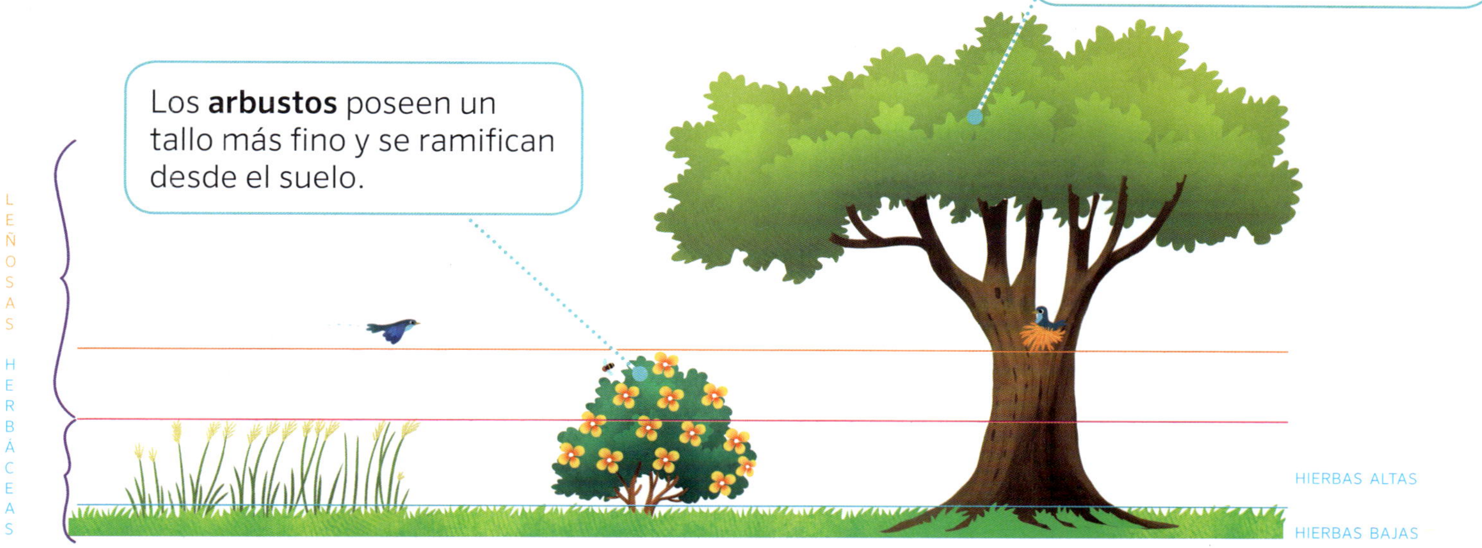

Las plantas según sus flores

Las plantas, según sus flores, se pueden clasificar en plantas con flores y en plantas sin flores.

- Las **plantas con flores** pueden tener frutos como el cerezo y el manzano, y otras no, como el pino y el ciprés.
- Las **plantas sin flores** son los musgos y los helechos.

▸ Las plantas **fabrican su propio alimento**, viven **fijas al suelo** y la gran mayoría tienen **raíz**, **tallo** y **hojas**.

▸ Las plantas según su tallo se clasifican en **plantas leñosas** y **plantas hérbáceas**.

smSaviadigital.com
PRACTICA Clasifica plantas.

Actividades

1. ¿Qué características comparten casi todas las plantas?
2. ¿Qué parte sujeta la planta al suelo? ¿Cuál es su función?
3. ¿Qué función tiene el tallo de una planta? Escribe.
4. ¿Qué características diferencian un arbusto de una planta herbácea?

2 La nutrición de las plantas

Las plantas no necesitan ir al mercado para comprar comida, ya que son capaces de elaborar su propio alimento. ¡Menuda suerte! Pero ¿cómo lo hacen? Vamos a averiguarlo.

¿Cómo fabrican su propio alimento?

Para fabricar su alimento, las plantas necesitan **agua**, **sales minerales**, **aire** y la **luz** del sol.

A través de la **raíz**, las plantas absorben del suelo agua y sales minerales para formar una mezcla llamada **savia bruta**. La savia bruta asciende hasta las hojas a través del tallo por unos conductos que se llaman **vasos leñosos**.

En las **hojas**, las plantas toman del aire un gas llamado **dióxido de carbono**. Este gas se mezcla con la savia bruta y, con la ayuda de la **luz solar**, forma el alimento de la planta, llamado **savia elaborada**. Todo este proceso que ocurre en las hojas se llama **fotosíntesis**. Como consecuencia de él, se genera otro gas, el **oxígeno**, que la planta expulsa a través de sus hojas.

Por último, la savia elaborada se reparte por toda la planta a través de los **vasos liberianos**.

Experimenta El viaje de las sustancias a través de la planta

1. Cortamos parte de un tallo de apio en dos mitades.

2. Llenamos un vaso con agua y tinta roja, y otro vaso con agua y tinta azul. Colocamos el apio como en la imagen.

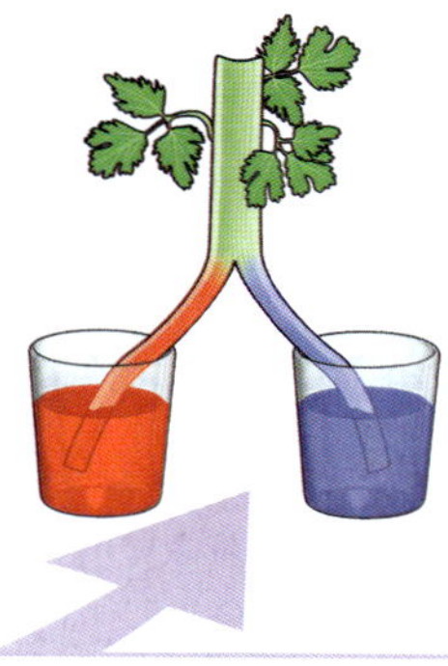

3. Dejamos el apio colocado en los dos vasos un día. Este es el resultado.

5 Si el agua del suelo está contaminada, ¿crees que le afectará a la planta? ¿A qué parte?

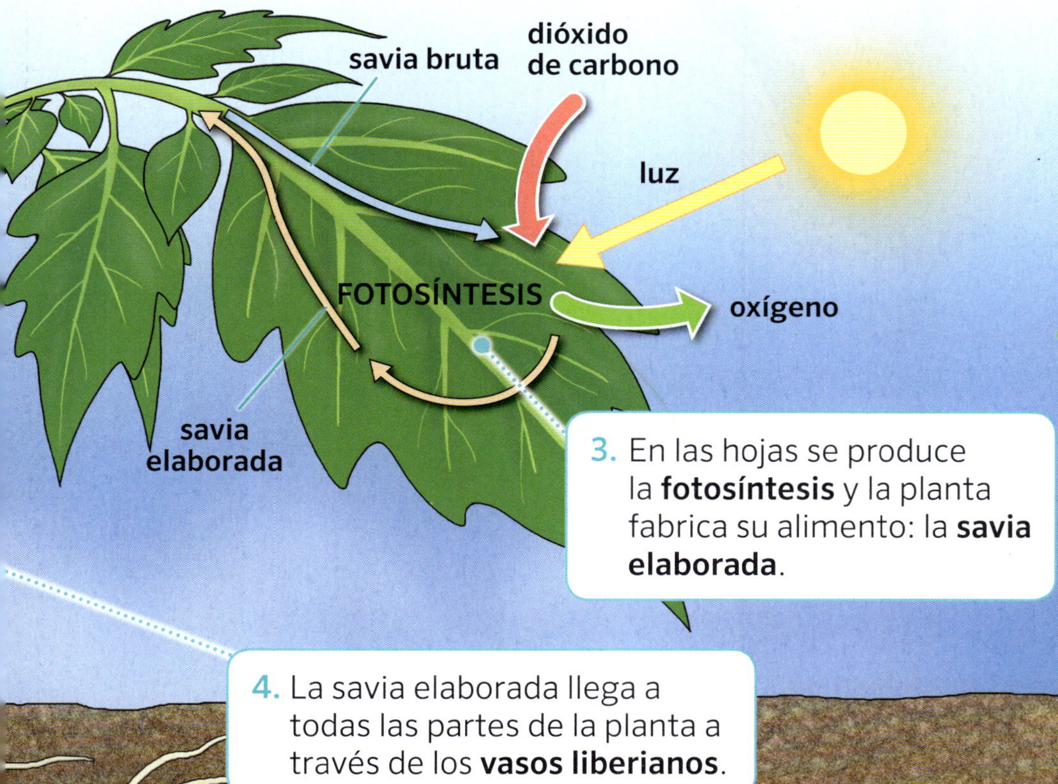

3. En las hojas se produce la **fotosíntesis** y la planta fabrica su alimento: la **savia elaborada**.

4. La savia elaborada llega a todas las partes de la planta a través de los **vasos liberianos**.

smSaviadigital.com
COMPRENDE Las plantas fabrican su propio alimento.

- Para elaborar su **propio alimento** las plantas necesitan **agua**, **sales minerales**, **aire** y **luz** del sol.
- Al fabricar su alimento, las plantas desprenden **oxígeno** durante la **fotosíntesis**.

Actividades

6 ¿Qué sustancias toma del suelo una planta para elaborar su alimento? ¿Y del aire?

7 ¿Podrán las plantas realizar la fotosíntesis por la noche? Razona tu respuesta.

8 ¿Por qué no podríamos sobrevivir si en la Tierra desaparecieran las plantas?

3 La reproducción de las plantas

La flor de pascua no puede nacer de un huevo de Pascua, porque las plantas no son seres vivos ovíparos. Las plantas se reproducen por medio de **semillas**.

La **flor** es el órgano reproductor de la mayoría de las plantas.

Las partes de la flor

Las partes más importantes de la flor son: la **corola**, el **cáliz**, los **estambres** y el **pistilo**.

La **corola** es el conjunto de hojas de colores. Estas hojas se llaman **pétalos**.

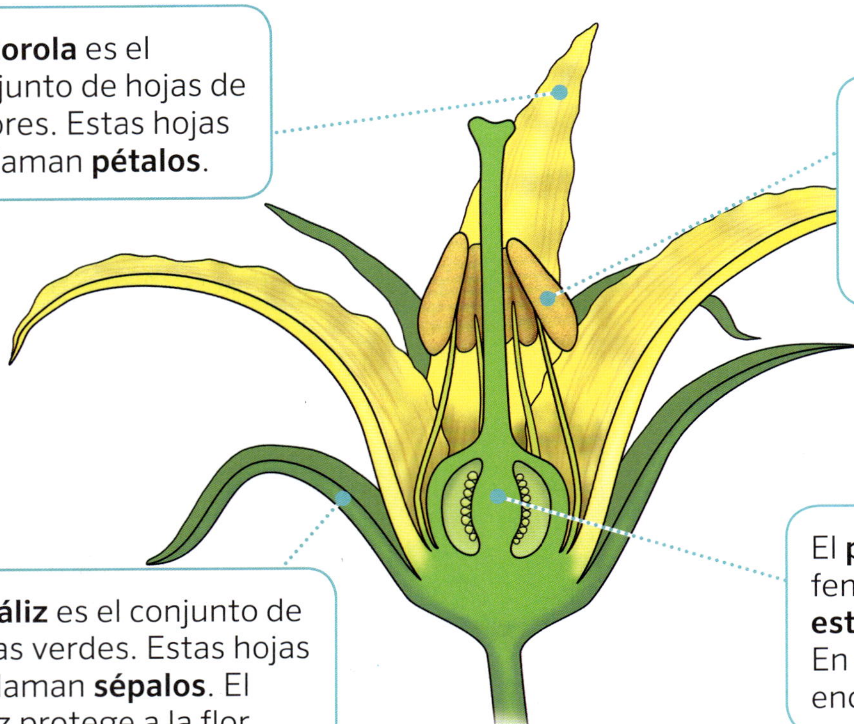

Los **estambres** son los órganos reproductores masculinos. Están formados por el **filamento** y una bolsita, llamada **antera**, que contiene el **polen**.

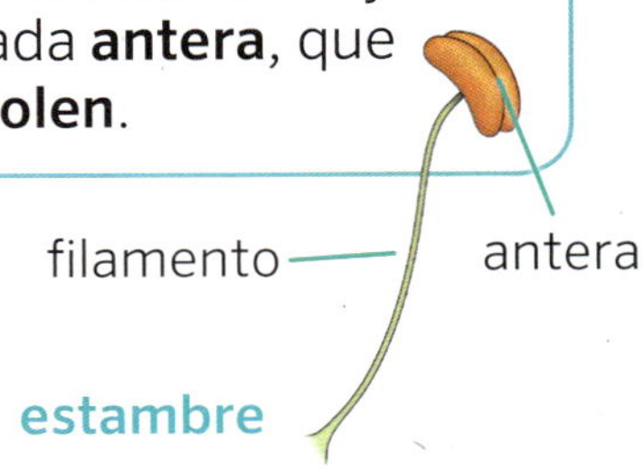

El **cáliz** es el conjunto de hojas verdes. Estas hojas se llaman **sépalos**. El cáliz protege a la flor.

El **pistilo** es el órgano reproductor femenino. Está formado por el **estigma**, el **estilo** y el **ovario**. En el interior del ovario se encuentran los **óvulos**.

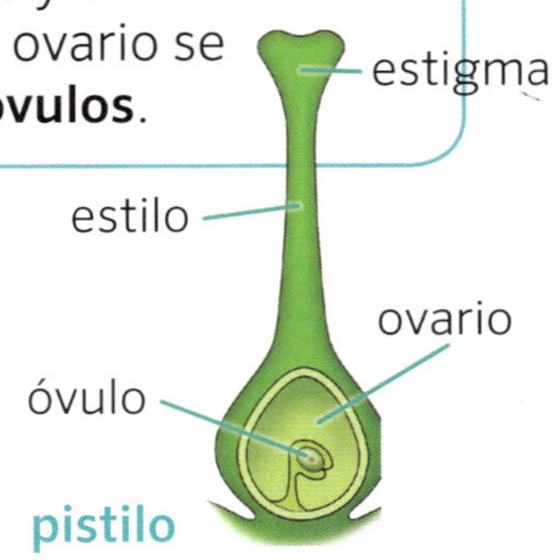

¿Cómo se reproducen las plantas con flor?

Para que se produzca la reproducción, el polen de una planta tiene que llegar al pistilo de otra planta. El polen se transporta gracias al viento y a algunos animales, como las abejas. Este proceso se llama **polinización**.

Cuando el polen llega al pistilo, baja por él hasta alcanzar el ovario. Una vez allí, el grano de polen se une a un óvulo y se transforma en **semilla**.

A partir de ese momento, el cáliz y la corola se marchitan y caen. Mientras, el ovario comienza a crecer y a transformarse hasta originar el **fruto**. La principal función de los frutos es proteger a las semillas durante su desarrollo.

Cuando los frutos están maduros, caen de la planta, y, en el suelo, las semillas crecen y puedan dar lugar a una nueva planta. Este proceso se llama **germinación**.

Observa y comprende · La reproducción de las plantas

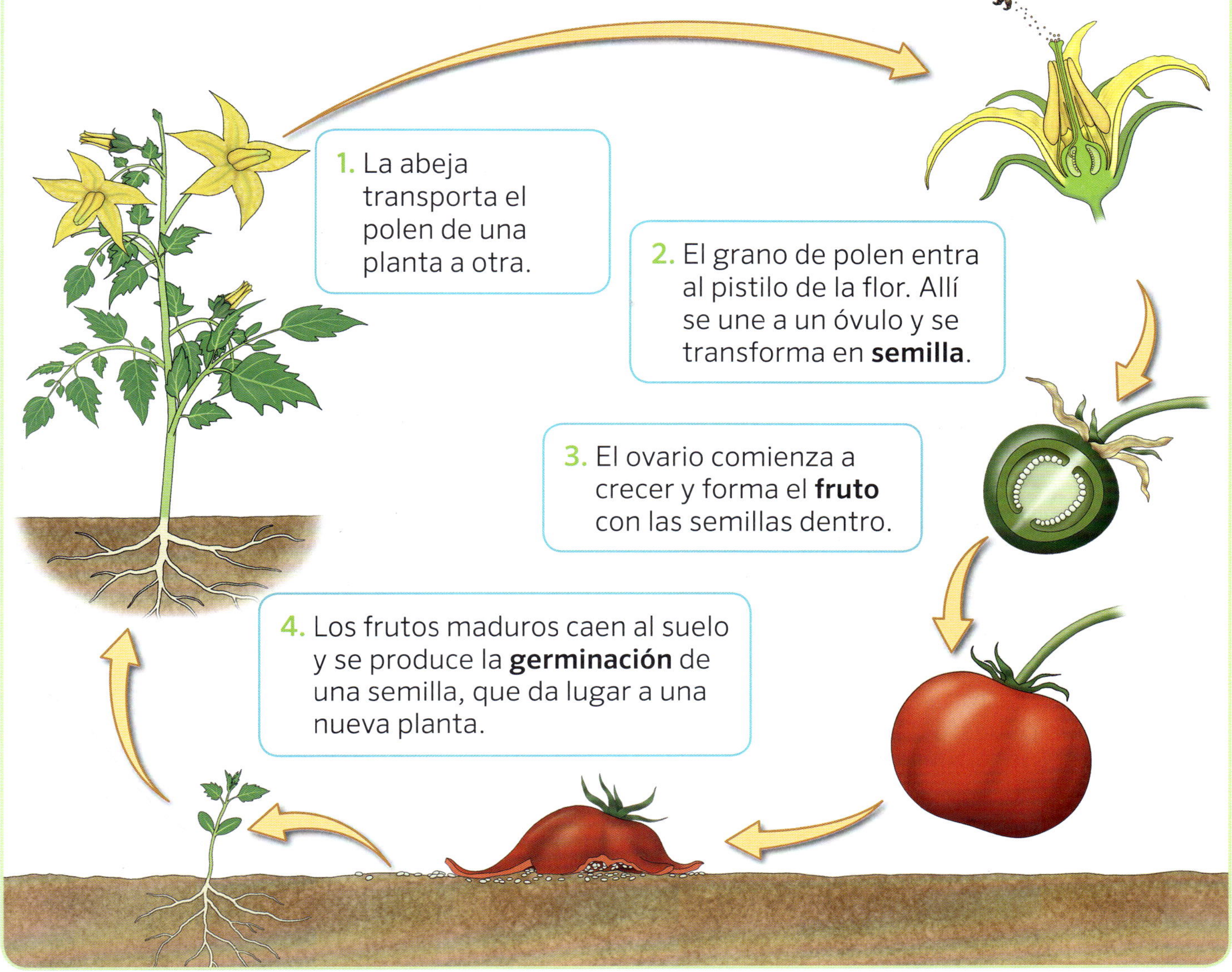

1. La abeja transporta el polen de una planta a otra.
2. El grano de polen entra al pistilo de la flor. Allí se une a un óvulo y se transforma en **semilla**.
3. El ovario comienza a crecer y forma el **fruto** con las semillas dentro.
4. Los frutos maduros caen al suelo y se produce la **germinación** de una semilla, que da lugar a una nueva planta.

- Las **flores** están formadas por la **corola**, el **cáliz**, los **estambres** y el **pistilo**.
- En la fecundación, el polen se une con el óvulo y forman **semillas**, tras lo cual el ovario se transforma en **fruto**.
- Las semillas **germinan** y forman una nueva planta.

sm**Savia**digital.com
JUEGA Y APRENDE ¿Cómo se forman los frutos y las semillas?

Actividades

9. ¿Por qué son tan vistosos los pétalos de algunas flores? ¿Qué utilidad tienen?
10. Nombra los órganos reproductores de las plantas y dibuja sus partes.
11. ¿Qué partes de la flor se marchitan y caen cuando se forma el fruto?
12. ¿Qué es la germinación? Explícalo con tus propias palabras.

Así se construye la ciencia

Realizamos un experimento

Vamos a ver qué pasos debemos dar para hacer un experimento.

PASO 1 **Nos preguntamos qué es lo que queremos comprobar** con nuestro experimento. Por ejemplo: ¿Las plantas crecen buscando la luz?

PASO 2 **Ideamos y ponemos en práctica una experiencia** que nos permita observar cómo se comporta una planta expuesta a la luz.

Metemos una planta en un rincón de una caja de cartón y hacemos un agujero en el lado opuesto de la tapa.

Después, ponemos la tapa y colocamos la caja en un lugar luminoso. Esperamos unas semanas.

PASO 3 **Observamos** el resultado de nuestro experimento y **sacamos conclusiones**.

Razono

1. Si la caja hubiera sido de cristal, ¿crees que la planta hubiera salido por el agujero de la tapa? Razona tu respuesta.
2. ¿Con qué función vital relacionarías este experimento? Explica tu respuesta.

Pongo en práctica

3. Además de luz y agua, ¿necesitarán las plantas tierra para poder vivir? Idea un experimento que sirva para comprobarlo. Descríbelo paso a paso al resto de tus compañeros.

Organiza tus ideas

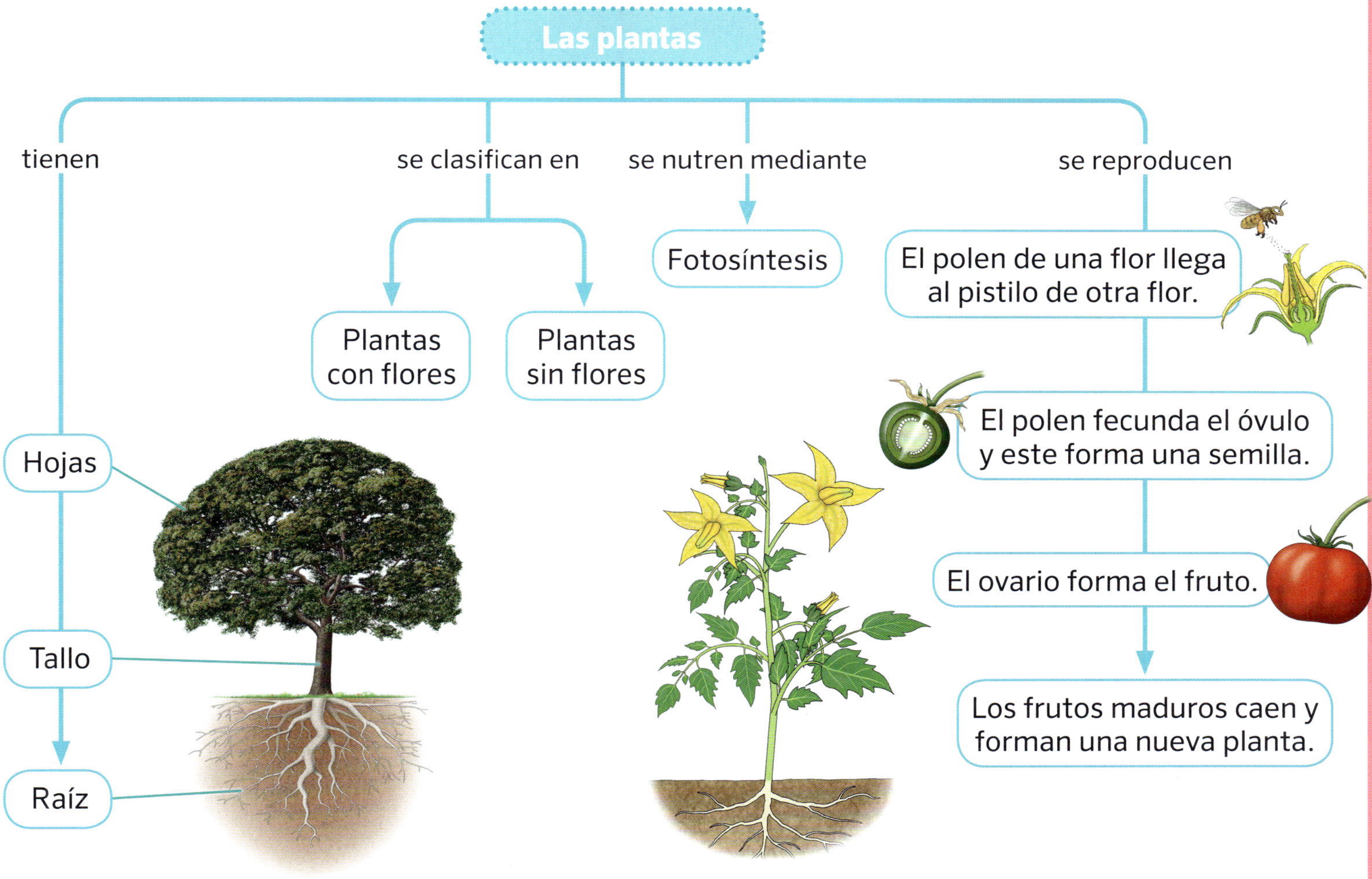

Trabaja con el esquema

1. ¿Qué función desempeñan las partes de la planta que aparecen en el esquema?

2. Indica otra forma de clasificar las plantas diferente a la que aparece en el esquema.

3. ¿En qué parte del esquema colocarías estas plantas?

   rosal   musgo   olivo   cerezo   helecho

4. ¿En qué lugares del esquema incluirías estas palabras?

   savia bruta   plantas con frutos   vasos leñosos   musgo   sales minerales   dióxido de carbono

5. Contesta a estas preguntas sobre la fotosíntesis.
   a) ¿En qué parte de la planta tiene lugar?
   b) ¿Qué sustancia se desprende a la atmósfera durante la fotosíntesis?

6. Redacta un resumen sobre la reproducción de las plantas con flores. Comienza tu resumen de la siguiente manera:

   Para que se formen las semillas, en primer lugar, el polen...

7. ¿En qué consiste el proceso de polinización?

8. ¿En qué parte del esquema incluirías la palabra germinación?

Repasa la unidad

1 Escribe el nombre de la parte de la planta a la que se refiere cada oración.

a) Sujeta la planta al suelo.

b) Mantiene la planta erguida.

c) Absorbe agua del suelo.

d) Expulsa oxígeno.

2 Fíjate en la imagen y responde.

a) ¿Qué parte les falta a sus flores?

b) ¿Cómo estarán las flores de Marcos dentro de unos días? ¿Por qué?

c) ¿Qué le aconsejarías a Marcos para que sus flores le duren más tiempo?

3 Observa el dibujo. Después, copia estas oraciones y escribe al lado de cada una la letra que corresponde en cada caso.

- Forman la savia elaborada.
- Usan la luz del sol para crear el alimento.
- Absorbe el agua y las sales minerales y forma la savia bruta.
- La savia elaborada se reparte por la planta.
- La savia bruta asciende a las hojas.

4 Clasifica estas sustancias según salgan o entren en la planta.

agua | oxígeno | sales minerales | hidratos de carbono

5 Copia y une cada parte de la planta con el término que corresponde en cada caso.

Tallo •	• Savia bruta
Raíz •	• Fotosíntesis
Hoja •	• Vaso liberiano

6 Dibuja esta flor en tu cuaderno y escribe el nombre de las partes señaladas.

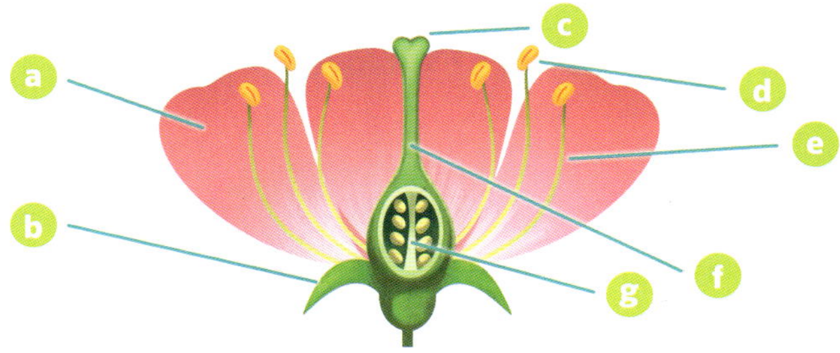

7 Ordena y explica, paso a paso, los cambios que ha experimentado esta flor.

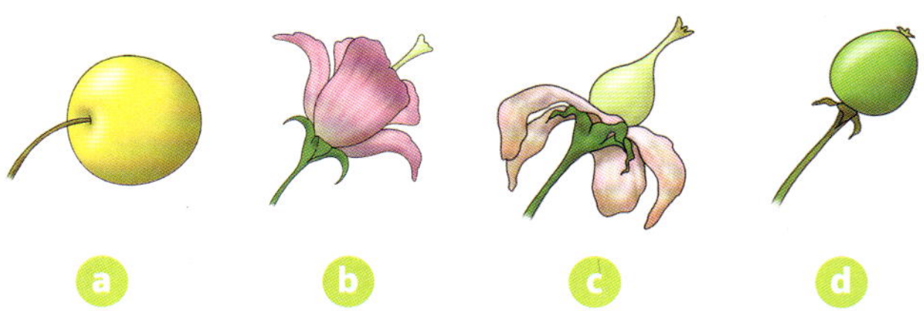

8 Copia el dibujo en tu cuaderno e indica las partes que forman el pistilo.

smSaviadigital.com

VALORA LO APRENDIDO Comprueba lo que sabes en la **autoevaluación**.

Ponte a prueba

La importancia de los bosques

1 María se ha quedado un poco sorprendida al leer la información que aparece en el cartel. Ayúdale a descifrar el mensaje que aparace en él y explica en tu cuaderno por qué se refiere al Amazonas como «el pulmón del planeta».

2 ¿Habría vida en la Tierra si no existiesen las plantas? ¿Por qué?

3 Haz una lista con las cosas buenas que nos proporcionan las plantas al resto de seres vivos.

Tarea final Albóndigas de semillas

Aprende a cultivar de una manera natural, fácil y económica.

PASO 1 Mezclad en un recipiente diez partes de abono, una parte de arcilla y un poco de agua. Añadid las semillas: podéis usar judías, lentejas...

PASO 2 Haced pequeñas bolitas. ¡Ya tenéis vuestras albóndigas de semillas! Dejadlas secar sin que les dé el sol directamente.

PASO 3 Cuando estén duras, ponedlas en vuestra maceta. Situadla en un sitio luminoso y recordad regar la maceta todos los días.

PASO 4 Sacad fotos a vuestra maceta todos los días. ¿Qué proceso estáis observando?

smSaviadigital.com

VALORA LO APRENDIDO ¿Cómo has trabajado en esta tarea?

Tu revista

Baile de disfraces

Algunas flores, como estas orquídeas, imitan a la perfección el cuerpo de la abeja hembra para atraer a abejas macho que las polinicen.

Cuando una abeja se posa en una flor, ¿qué se lleva pegado al cuerpo?

Plantas para encantamientos y para curar

Así como las brujas recurrían siempre a las plantas para sus pócimas, nosotros las usamos para encontrarnos mejor. Por ejemplo, tomamos infusiones de flores de manzanilla cuando nos duele el estómago o una tacita de flores de tilo para relajarnos.

La manzanilla, según su tallo, ¿qué tipo de planta es?

Las plantas se defienden

Como las plantas no pueden echar a correr si les acecha un peligro han desarrollado sobre su cuerpo espinas, pelos urticantes y otras estructuras similares. Estas son las únicas armas que tienen para defenderse de los animales que se alimentan de ellas.

En ocasiones, las plantas se recubren de auténticas armaduras. Otras veces, fabrican sustancias que hacen que tengan un sabor desagradable para sus depredadores o que incluso pueden llegar a producirles la muerte.

¿Cuál es el mecanismo de defensa de una ortiga?

¡Una planta muy glotona!

Las plantas carnívoras viven en suelos muy pobres. Por eso, necesitan complementar su dieta atrapando algunos insectos. ¡Hummm…, qué rico!

¿Qué sustancias toman las plantas del suelo?

¡Una de palomitas!

¿Sabías que los indios americanos ya sabían cocinar palomitas y que las usaban para hacerse collares? Las palomitas se forman al calentar las semillas del maíz. Dentro del grano de maíz hay agua que, con el calor, se convierte en vapor y presiona las paredes del grano hasta que revienta.

Si se calientan los granos lentamente, adquieren forma de mariposa; pero si estallan rápidamente, parecen pequeños champiñones.

¿En qué parte de la planta se forman las semillas?

Semillas al rojo vivo

Hay plantas cuyas semillas tienen una cáscara durísima. Son tan duras que solo se abren con las altísimas temperaturas que se producen durante un incendio.

Cuando el fuego se apaga, en el suelo no queda ningún otro ser vivo que les haga competencia. Así pueden crecer a sus anchas y extenderse por el terreno quemado. ¿A que es un buen truco?

¿Qué parte de la planta le permite vivir fijada al suelo?

Una planta bloguera

Una empresa japonesa ha creado un sistema para que las plantas escriban su propio blog. En él contarán si necesitan más o menos agua o más luz.

¿Qué hace este sistema? El programa traduce a textos las variaciones que capta en el nivel de luz y humedad de las plantas.

¿Qué necesita una planta para vivir?

4 El cuerpo humano

Una máquina imparable

Mientras Macarena y Jaime ven tranquilamente la televisión, no pueden imaginarse la actividad increíble que tiene lugar dentro de sus cuerpos.

La sangre va y viene por el interior de la máquina humana, a través de una compleja red de tuberías. ¿Y para qué tanto ajetreo y tanto viaje? Pues para llevar los nutrientes de los alimentos y el oxígeno del aire respirado a todos los rincones de nuestro organismo.

Eso sí. Para que esta máquina funcione de forma correcta sin atascos ni roturas, es necesario un mantenimiento adecuado: ejercicio, alimentación equilibrada, higiene, descanso… ¿Mantienes bien tu máquina?

Hablamos

1. Según lo que dice el texto, ¿qué transporta la sangre por todo el cuerpo?
2. ¿A qué tuberías crees que se refiere el texto? Explícalo en tu cuaderno.
3. ¿Cuáles de las siguientes actividades crees que ayudan a que funcione bien nuestro cuerpo?

   comer dulces | hacer deporte | dormir | ver mucho la tele | respirar aire limpio

4. ¿Crees que la comida que anuncian en la televisión de la imagen ayuda a mantener la salud de nuestro cuerpo? ¿Por qué?

¡Qué importante es... hacer ejercicio!

Para estar en forma es necesario mantener nuestro cuerpo ágil. Pero también hay que ejercitar la mente, por ejemplo, con crucigramas y sudokus.

Tarea final

Descubre, al final de la unidad, cómo el ejercicio físico aumenta nuestras capacidades.

1 El aparato circulatorio

Si nuestro cuerpo fuera un restaurante, el aparato circulatorio sería el camarero que reparte los nutrientes y el oxígeno por todo el cuerpo. Además, es el encargado de recoger las sustancias de desecho para que sean expulsadas.

Las partes del aparato circulatorio

El aparato circulatorio está compuesto por tres elementos: la **sangre**, los **vasos sanguíneos** y el **corazón**.

La **sangre** es un líquido rojo que transporta los nutrientes y el oxígeno que el cuerpo necesita y los desechos que conviene expulsar.

Los **vasos sanguíneos** son los conductos por lo que circula la sangre. Existen tres tipos:

- Las **arterias**, que llevan la sangre desde el corazón al resto del cuerpo.
- Las **venas**, que llevan la sangre desde todos los lugares del cuerpo hasta el corazón.
- Los **capilares**, que son vasos muy finos que comunican las arterias con las venas.

El **corazón** es el órgano encargado de bombear la sangre para que circule por los vasos sanguíneos.

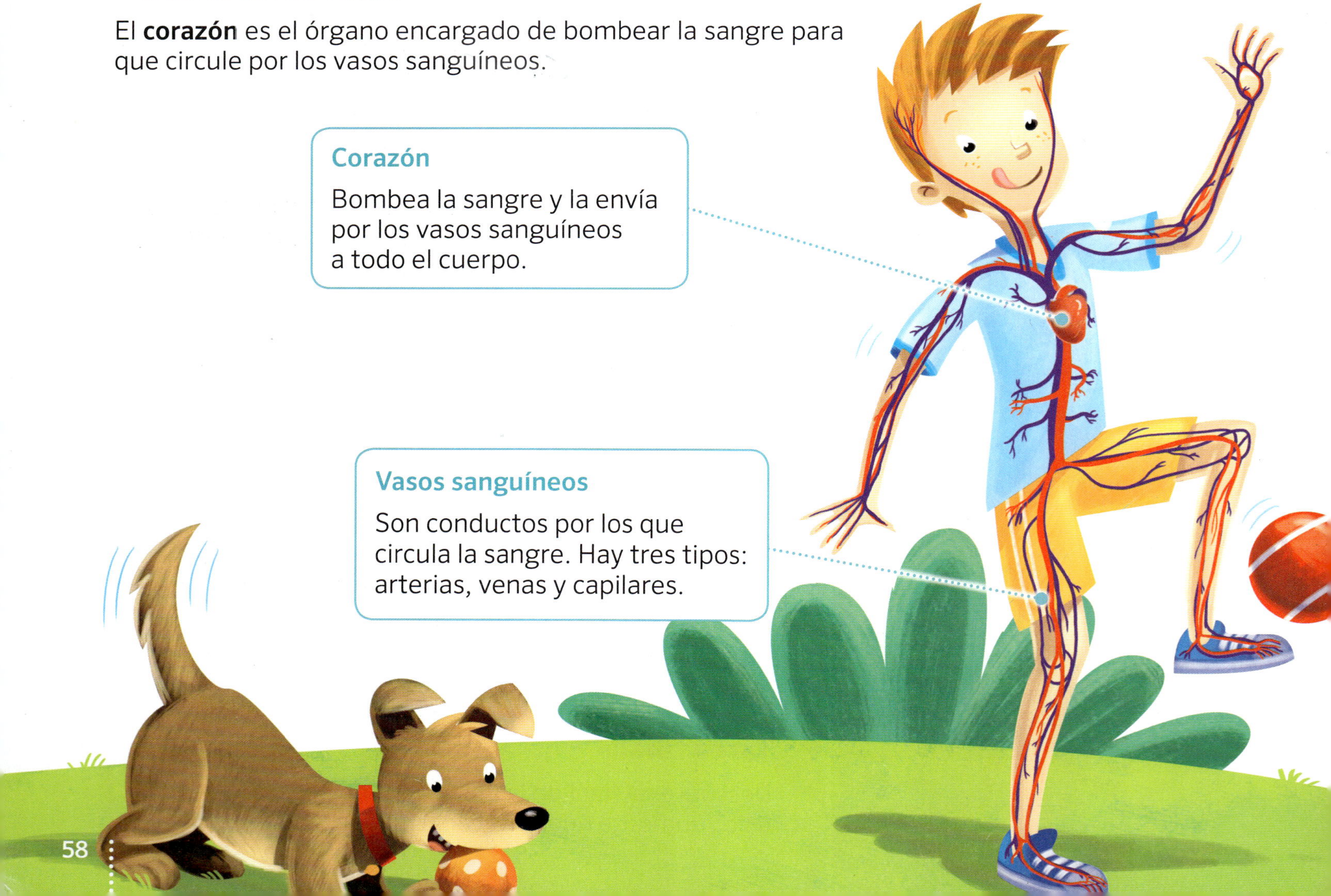

¿Cómo funciona nuestro corazón?

El corazón tiene el tamaño de un puño y está situado entre los dos pulmones. Es un órgano formado por músculos que se contrae y se relaja constantemente, de forma involuntaria.

Cuando el corazón se relaja, se llena de la sangre que llega por las venas, y cuando se contrae, impulsa la sangre por las arterias hasta llegar a todos los rincones del organismo.

Las relajaciones y contracciones del corazón reciben el nombre de **latidos**.

Observa y comprende El latido

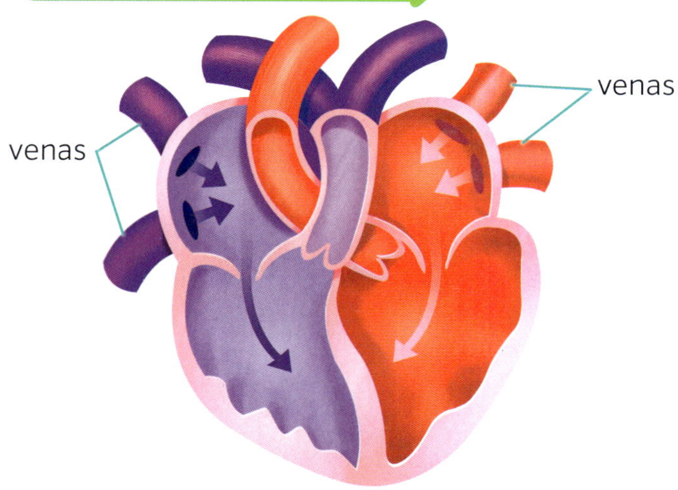

El corazón se llena de la sangre que proviene de las venas. Esto se debe a que los músculos del corazón se relajan.

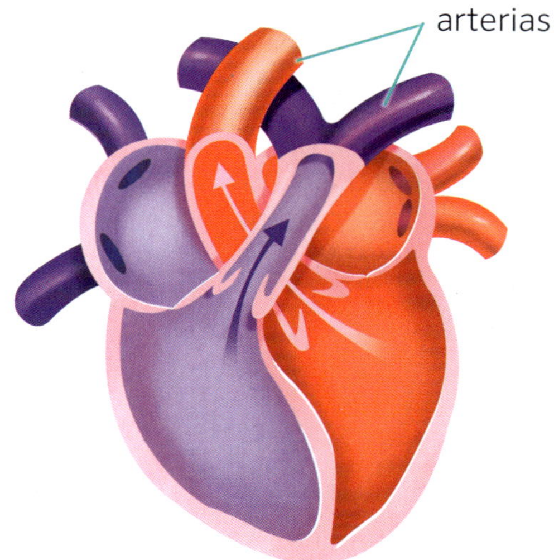

Los músculos del corazón se contraen y la sangre sale impulsada por todo el cuerpo a través de las arterias.

El aparato circulatorio está compuesto por la **sangre**, los **vasos sanguíneos** y el **corazón**.

Actividades

1. Señala en qué se diferencian los tipos de vasos sanguíneos.
2. Explica en tu cuaderno cómo el corazón bombea la sangre por todo el organismo.
3. ¿En qué consiste el latido del corazón? Explícalo con tus propias palabras.
4. Escribe un párrafo que describa la función del aparato circulatorio. Incluye las siguientes palabras.

arterias - oxígeno - corazón - capilares - desechos - venas - nutrientes - sangre

2 El aparato respiratorio

Los cantantes son capaces de producir sonidos muy variados, con el tono y la duración que cada canción necesita. ¿Sabes cómo lo consiguen?

Los cantantes ejercitan el aparato respiratorio y aprenden a soltar, poco a poco, el aire que respiramos. Es una especie de gimnasia del aparato respiratorio que, además, los ayuda en la función principal de este aparato: repartir oxígeno por todo el cuerpo.

Las partes del aparato respiratorio

El aparato respiratorio está formado por las **vías respiratorias** y los **pulmones**.

- Las vías respiratorias son los conductos por los que entra y se expulsa el aire. Constan de las **fosas nasales**, la **faringe**, la **laringe**, la **tráquea**, los **bronquios** y los **bronquiolos**.
- Los pulmones son dos órganos esponjosos que se encuentran protegidos por las costillas y el esternón. En los pulmones se produce la **respiración**.

smSaviadigital.com
COMPRENDE Las partes del aparato respiratorio.

La respiración

Para que el oxígeno llegue a todo el cuerpo, hace falta respirar. Durante la respiración ocurren dos procesos importantes:

- La **ventilación pulmonar**, que se realiza por medio de dos movimientos: la **inspiración** y la **espiración**. La inspiración provoca la entrada de aire en los pulmones. La espiración produce la salida de aire de los pulmones.
- El **intercambio de gases**, por el cual el oxígeno inspirado pasa a la sangre, y el dióxido de carbono de la sangre pasa a los pulmones para ser expulsado mediante la espiración.

¿Cómo respiramos?

Inspiración

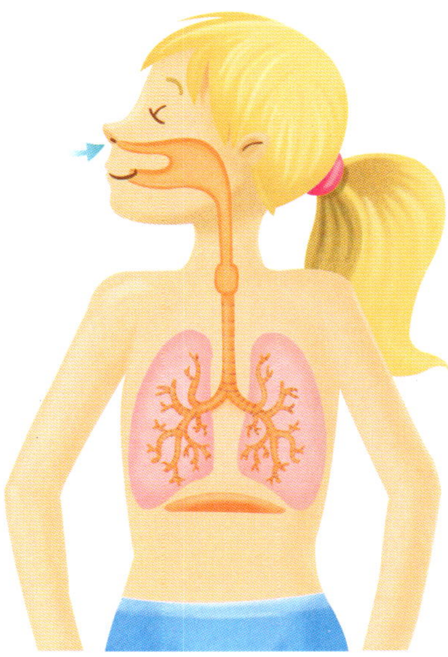

El diafragma se contrae. Esto provoca que los pulmones se ensanchen y se llenen del aire que entra por las fosas nasales.

Intercambio de gases

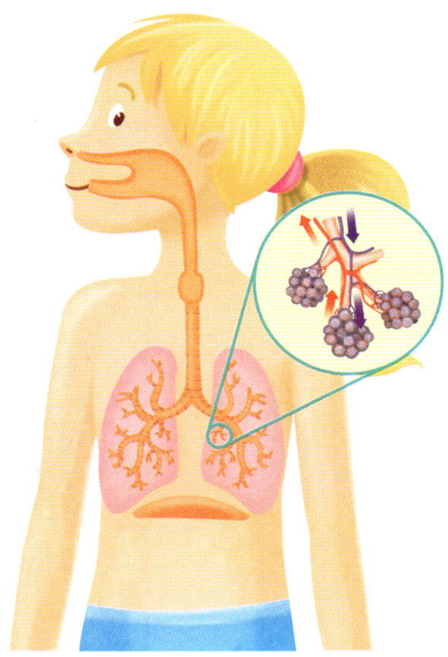

En los alvéolos pulmonares el oxígeno del aire inspirado pasa a la sangre, y el dióxido de carbono de la sangre pasa a los pulmones.

Espiración

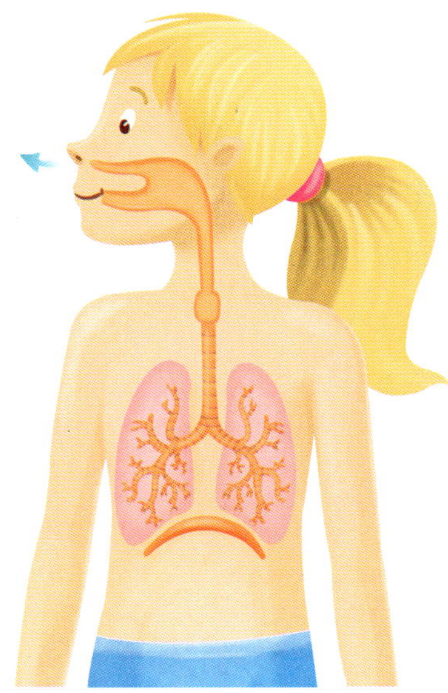

El diafragma se relaja, lo que hace que los pulmones disminuyan de tamaño y expulsen al exterior el aire cargado de dióxido de carbono.

- El **aparato respiratorio** se encarga de la respiración. Está formado por las **vías respiratorias** y por los **pulmones**.
- Las fases de la respiración son: **inspiración**, **intercambio de gases** y **espiración**.

Actividades

5. ¿Cuál es la función de las fosas nasales?
6. ¿En qué procesos de la respiración interviene el diafragma?

3 El aparato reproductor

¿Encuentras diferencias entre estas dos personas?

Hay una serie de características externas que distinguen a los hombres de las mujeres, como la barba o la musculatura. Pero la principal diferencia no está a la vista. Es el aparato reproductor.

El aparato reproductor

Los seres humanos nos reproducimos gracias al aparato reproductor. En los hombres se denomina aparato reproductor masculino, y en las mujeres recibe el nombre de aparato reproductor femenino.

El **aparato reproductor masculino** está formado por:

- **Testículos:** son dos órganos externos que están encargados de producir los **espermatozoides**.
- **Pene:** es un órgano externo en cuyo interior hay un conducto, llamado **uretra**, por el que sale tanto la orina que proviene de la vejiga como los espermatozoides.

El **aparato reproductor femenino** está formado por:

- **Ovarios:** son dos órganos internos que producen los óvulos.
- **Útero:** es una cavidad interna donde se desarrolla el feto.
- **Trompas de Falopio:** son dos conductos internos que comunican los ovarios con el útero.
- **Vagina:** es el conducto que une el útero con el exterior.
- **Vulva:** es la parte externa del aparato reproductor.

smSaviadigital.com
PRACTICA Las partes del aparato reproductor.

Observa y comprende El aparato reproductor

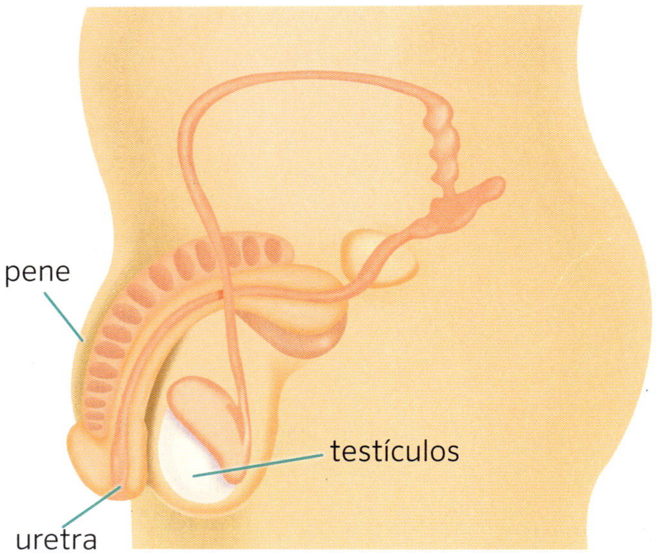

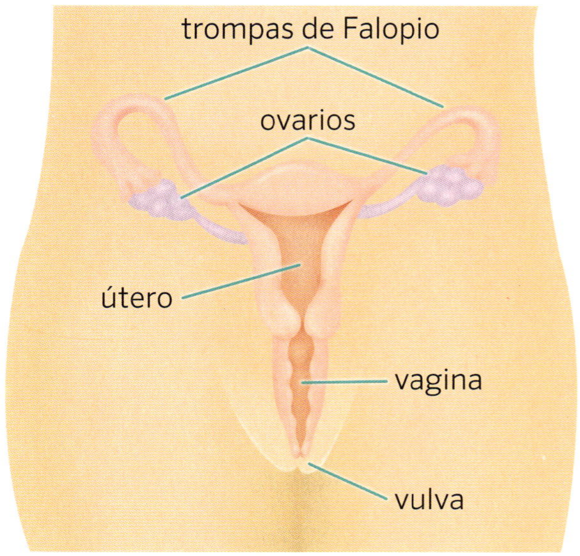

El embarazo y el parto

El **embarazo** es la etapa en la que se forma y crece un nuevo ser dentro del vientre de su madre. En los seres humanos dura unos nueve meses.

Durante el embarazo se crean una serie de estructuras que protegen y permiten al futuro bebé alimentarse:

- La **bolsa amniótica**, que es una bolsa llena de líquido que protege al futuro bebé de los golpes y lo mantiene caliente.
- El **cordón umbilical**, por el cual el bebé se encuentra unido a la madre para recibir el oxígeno y los alimentos.

Cuando el feto ha acabado de formar todos sus órganos, ya está preparado para nacer. Entonces, la bolsa amniótica se rompe y las paredes del útero se contraen para empujar hacia el exterior al bebé, que sale a través de la vagina de su madre. Este proceso se llama **parto**.

El médico corta el cordón umbilical y en el abdomen del bebé queda una cicatriz, que es el **ombligo**.

Actividades

7 ¿Qué es el embarazo? ¿Cuánto suele durar en el ser humano?

8 Indica cuáles de estas partes pertenecen al aparato reproductor masculino.

ovario | testículos | vulva | pene

El desarrollo del bebé

Los seres humanos son bebés desde que nacen hasta que cumplen los 18 meses. Observa qué ocurre durante esta etapa.

2 meses — Reconoce el rostro de sus padres.

6 meses — Comienzan a salirle los primeros dientes.

10 meses — Aprende a gatear.

12 meses — Echa a andar.

15 meses — Pronuncia sus primeras palabras.

- El **aparato reproductor** es el encargado de llevar a cabo la **reproducción**.
- Durante el **embarazo** el futuro bebé se **desarrolla** y **crece** en el interior de la madre.

4 Salud y enfermedad

Observa la conversación que mantienen Esther y Gonzalo. ¿Cuál de estos niños crees que lleva una vida más saludable? ¿Por qué?

Seguro que no has dudado ni un momento. Esther lleva una vida más sana porque tiene unos **hábitos saludables**.

Los hábitos saludables

Seguir una serie de pautas o normas muy sencillas contribuye a sentirnos mejor y a enfermar pocas veces. Estas pautas o normas reciben el nombre de **hábitos saludables**, y nos ayudan a que nuestro cuerpo funcione de la mejor forma posible y a que nuestras defensas sean fuertes.

Los hábitos saludables más importantes que debemos tener en cuenta son: cuidar nuestra alimentación y beber suficiente agua, hacer ejercicio físico con frecuencia, mantener una higiene adecuada, descansar el tiempo necesario y cuidar nuestras posturas.

Hábitos saludables

Alimentación

La clave para alimentarse de la forma más adecuada es tomar alimentos variados todos los días. Entre ellos, las frutas y las verduras son especialmente importantes.

Ejercicio físico

El ejercicio físico aumenta nuestra fuerza, agilidad y resistencia. Además, mejora el funcionamiento de los órganos internos de nuestro cuerpo, como el corazón.

Higiene

Algunas medidas de higiene personal son lavarse las manos antes de cada comida, cepillarse los dientes después de comer y ducharse con frecuencia.

La enfermedad

En ocasiones, aunque sigamos hábitos saludables, podemos enfermar. Entonces nos sentimos débiles y sin ganas de hacer nada, y a veces tenemos fiebre.

Algunas de las enfermedades más comunes que podemos contraer son el **resfriado**, la **gripe** y la **varicela**.

- El **resfriado** es una enfermedad muy común que provoca tos y mocos.
- La **gripe** es una enfermedad que produce fiebre, dolores musculares y cansancio.
- La **varicela** es una enfermedad en la que aparecen granos por todo el cuerpo y provoca fiebre y cansancio.

Los **hábitos saludables** son costumbres que nos ayudan a no caer enfermos y a llevar una vida saludable.

¿Sabías que...?

Las vacunas nos dan protección

Las vacunas hacen que nuestro cuerpo esté listo para defenderse de algunos microbios que causan enfermedades, como, por ejemplo, el tétanos.

Descanso

Para estar sano y activo es necesario descansar entre nueve y diez horas al día. De esta manera, el cuerpo y la mente se recuperan de la actividad diaria.

Postura

Para cuidar tu espalda, siéntate recto y apóyate en el respaldo de la silla, coloca la mochila sobre los dos hombros y evita cargarla con demasiado peso.

smSaviadigital.com
PRACTICA Los beneficios del deporte.

Actividades

9. ¿Qué beneficios proporciona el ejercicio físico?
10. Julia se acuesta a las doce de la noche y se levanta a las siete de la mañana. ¿Duerme lo suficiente? ¿Cómo se sentirá a lo largo del día?
11. Miguel dice que no come fruta porque no le gusta. ¿Crees que hace lo correcto? Explícalo.

Así se construye la ciencia

¿Cómo hacemos una encuesta?

PASO 1 **Nos preguntamos qué queremos averiguar** con la encuesta. Por ejemplo, queremos saber si los alumnos del curso 4.º A practican hábitos saludables.

PASO 2 **Escribimos las preguntas** de la encuesta con sus posibles respuestas.

PASO 3 **Repartimos la encuesta** entre los alumnos de 4.º A para que la rellenen.

PASO 4 **Recogemos los datos** y, por último, **analizamos los resultados**.

Razono

1 ¿Qué conclusiones sacas de estos resultados, que corresponden a 4.º B?

¿Te lavas las manos antes de comer?
Sí: 12 No: 13
¿Comes dulces todos los días?
Sí: 16 No: 9

Pongo en práctica

2 Elabora tu propia encuesta siguiendo estos pasos. Debe tener, al menos, cinco preguntas y ha de servir para saber si los alumnos de 4.º de Primaria conocen los órganos del aparato respiratorio y sus funciones.

Organiza tus ideas

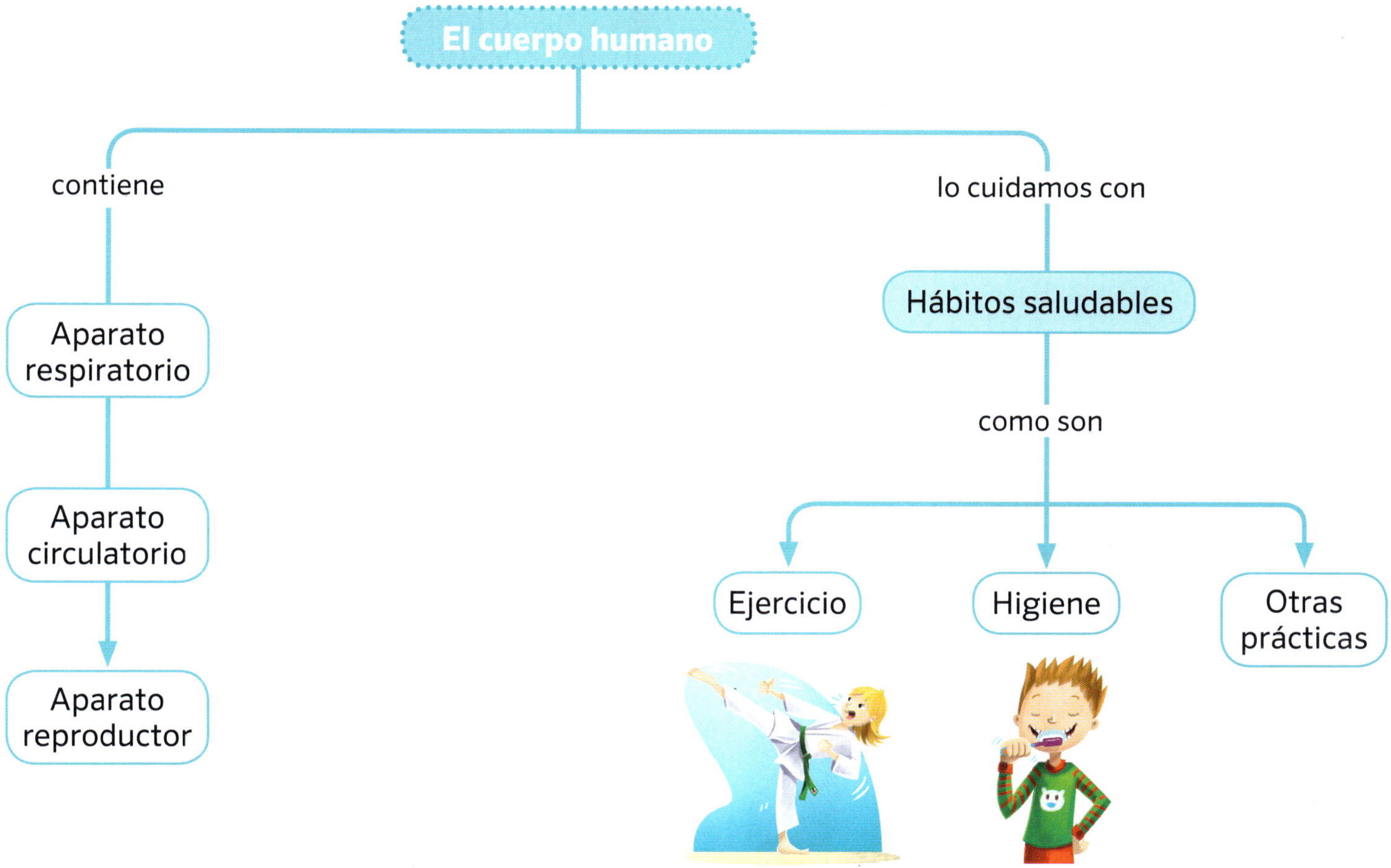

Trabaja con el esquema

1. Copia el esquema en tu cuaderno. Después, añade en él las partes que forman el aparato respiratorio.

2. Copia y completa el texto. Después, añade las palabras a tu esquema.

   El aparato reproductor se divide en ●●● y ●●●. El aparato reproductor ●●● está formado por el pene y los ●●●. El aparato reproductor ●●● está formado por el útero, ●●●, ●●●, ●●● y ●●●.

3. Indica en qué parte del esquema colocarías las siguientes palabras.

   útero · alvéolos · diafragma · tráquea · vena · oxígeno

4. ¿En qué lugares del esquema situarías los siguientes órganos?

   a 

   b 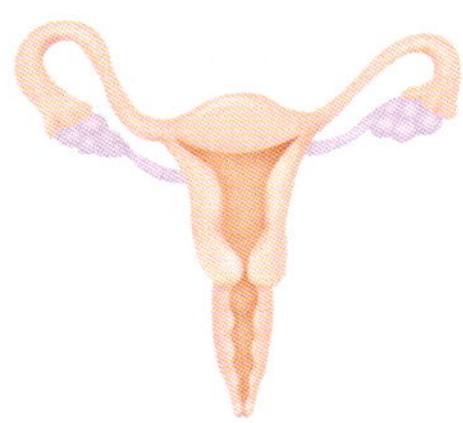

   c 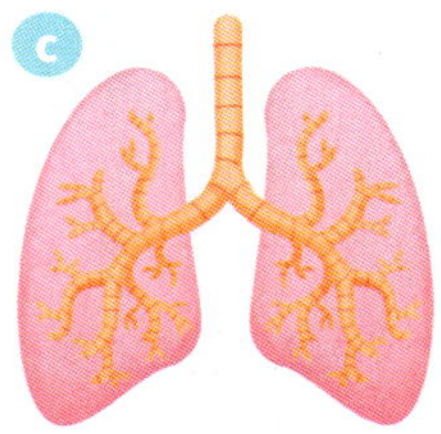

5. ¿Qué beneficios nos aportan los hábitos saludables que aparecen en el esquema?

6. Completa el esquema añadiendo otros dos hábitos saludables.

Repasa la unidad

1. ¿A qué aparato del cuerpo humano corresponden las siguientes funciones?
   a) Transporta el oxígeno por el cuerpo.
   b) Realiza el intercambio de gases.

2. Localiza los errores de esta oración y escríbela correctamente en tu cuaderno.

   Los vasos sanguíneos son unos conductos por los que circula el oxígeno. Hay dos tipos: arterias y venas.

3. El aire con el que Ricardo apaga las velas ¿contiene más dióxido de carbono que el que inspiró? Razona tu respuesta.

4. Copia el dibujo en tu cuaderno e indica qué camino sigue el aire desde que es inspirado hasta que llega a los pulmones. Nombra los órganos que recorre.

5. ¿Crees que podríamos vivir sin corazón? Explica el porqué.

6. Escribe un párrafo que explique la función del aparato respiratorio. Incluye las palabras que aparecen a continuación:

   movimientos - entrada - pulmones - aire - inspiración - salida - espiración

7. Clasifica los siguientes elementos en dos grupos según sean del aparato reproductor masculino o del femenino.

   vulva | testículos | vagina | pene | ovario | útero

8. ¿Qué ropas crees que tiene que comprar la madre de Alfredo a su futuro bebé para cuando nazca? Razona tu respuesta.

9. Completa este texto que aparece a continuación con las palabras que le faltan.

   Los nutrientes y el oxígeno llegan al feto a través del ●●●, que está unido a la madre.

10. Indica un hábito saludable para cuidar cada uno de los aparatos que has estudiado.

smSaviadigital.com
VALORA LO APRENDIDO Comprueba lo que sabes en la **autoevaluación**.

Ponte a prueba

Conoce el corazón

Pilar y Miguel han decidido hacer un diario sobre la actividad de sus corazones. Mientras uno cronometra un minuto, el otro cuenta el número de latidos apretando con dos dedos de una mano la muñeca de la otra mano.

1. Cuando contamos los latidos, ponemos los dedos sobre una arteria. ¿Qué función realizan las arterias?
2. Después de correr o con fiebre, el corazón de Pilar late más rápido. ¿A qué crees que se debe esto?

Tarea final **Mejorar nuestros pulmones**

Aumentar la cantidad de aire que puedes meter en tus pulmones te ayudará a tener el cuerpo más sano. Podrás emitir mejor tu voz, bucear más tiempo, inflar más globos y ¡tocar mejor instrumentos como la flauta! Cuanto más ejercites estas instrucciónes, mejor lo harás. ¡Empieza a practicar!

PASO 1 Tumbaos en el suelo y colocad la mano en el abdomen para notar cómo se llenan los pulmones al respirar.

PASO 2 Poneos de pie e intentad respirar de la misma manera. Notad cómo se llena el abdomen de aire sin subir los hombros.

PASO 3 Practicad este ejercicio varias veces al día. ¿Quién tiene los pulmones más fuertes? Haced un concurso para comprobar quién infla más rápido un globo.

smSaviadigital.com

VALORA LO APRENDIDO **¿Cómo has trabajado** en esta tarea?

Tu revista

¡Glups..., qué vergüenza!

¿Se te ha puesto alguna vez la cara como un tomate por la vergüenza?

Si te ha pasado, es que estás bien preparado para reaccionar ante el peligro. Y es que, en situaciones de estrés, el corazón envía más sangre al cerebro y a los músculos para estar preparado, por si hay que huir a toda velocidad. En la cara, la piel es más fina y se transparentan los vasos sanguíneos. Por eso, ese "subidón" de sangre hace que nos pongamos rojos como un tomate.

¿A qué aparato del cuerpo humano pertenece el corazón?

Tuberías de todos los tamaños

Coge una pelota de tenis y apriétala todo lo que puedas. Esa fuerza es parecida a la que hace el corazón para bombear sangre por los 96.000 kilómetros de vasos sanguíneos que hay en todo el cuerpo. Entre esas tuberías que conducen la sangre, la arteria aorta es la más importante: su diámetro es como el de una manguera de jardín. Pero también tenemos vasos sanguíneos mucho más delgados que un pelo.

¿Cuáles son los tipos de vasos sanguíneos que existen?

¿Por qué bostezamos?

Cuando estamos aburridos o nos sentimos cansados, nuestra respiración es más lenta y nuestro cuerpo recibe menos oxígeno.

El bostezo es una inspiración muy profunda. Así, el cuerpo incorpora una cantidad extra de oxígeno que a nuestro cerebro le viene de maravilla para activarse un poco más.

¿Cómo llega el oxígeno al cerebro?

¿Por qué los futuros bebés no se ahogan en el líquido amniótico en el que viven?

El futuro bebé no usa sus pulmones para respirar. Los tiene llenos de líquido. Toma el oxígeno y los nutrientes que necesita para desarrollarse de la sangre materna que le llega por el cordón umbilical.

Sin embargo, el futuro bebé sí inspira líquido amniótico por la tráquea y los bronquios, y lo expulsa de igual manera que se hace al respirar. Esto ayuda a que sus pulmones se desarrollen bien para que el bebé pueda respirar por sí solo una vez haya nacido.

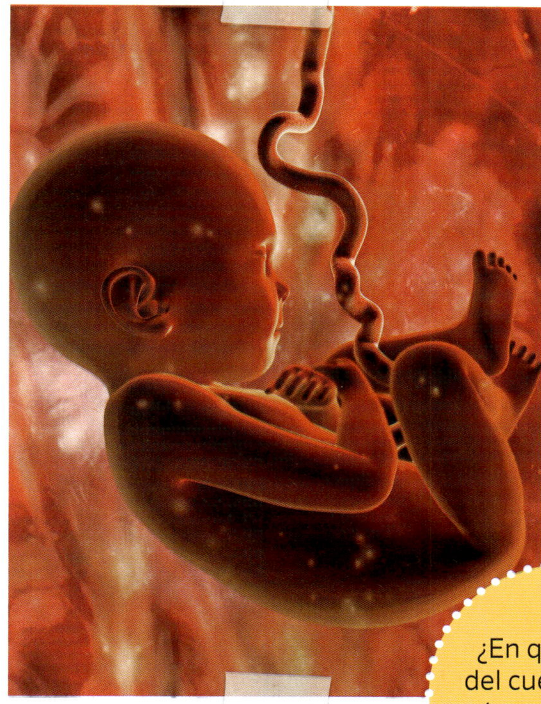

¿En qué parte del cuerpo de la mujer se desarrolla el futuro bebé?

¡¡Al ataque!!

Parte de los elementos que forman la sangre tienen la misión de combatir a los intrusos que pretenden entrar y atacar nuestros sistemas y órganos.

Eso sí, depende de nosotros que estos defensores se encuentren en el mejor estado para luchar.

Vacunarnos, dormir lo necesario, alimentarnos correctamente... son algunos hábitos saludables que mantienen a punto nuestras defensas.

¿Qué otras funciones tiene la sangre?

Comprueba lo que has aprendido

Test

¿Recuerdas todo lo que has aprendido durante este trimestre? Compruébalo en este test.

1. ¿En qué grupo clasificarías la siguiente planta?

A. Árbol con flores
B. Hierba
C. Arbusto

2. ¿Qué problemas tendrá una planta a la que una oruga le ha comido las hojas?

A. No podrá fijarse al suelo.
B. No podrá fabricar su alimento.
C. No podrá sostenerse.

3. ¿Qué partes tiene esta flor?

A. 6 pétalos, 1 estambre y 1 pistilo.
B. 6 pétalos, 6 estambres y 6 pistilos.
C. 6 pétalos, 6 estambres y 1 pistilo.

4. ¿A qué aparato del cuerpo humano pertenecen los siguientes órganos?

laringe | bronquios | alvéolos | faringe | diafragma | tráquea

A. Aparato circulatorio
B. Aparato respiratorio
C. Aparato reproductor

5. Los ovarios...

A. son dos órganos externos que producen óvulos.
B. son dos órganos internos que producen óvulos.
C. son dos órganos internos que comunican con el útero.

6. ¿Quién está realizando un hábito saludable para la salud de su cuerpo?

David | Susana | Felipe

A. David
B. Susana
C. Felipe

smSaviadigital.com REPASA

Un día en el jardín botánico

Sergio se ha ido con su familia al jardín botánico para celebrar su cumpleaños.

1. Clasifica las plantas del jardín botánico según su tallo. ¿Podrías clasificarlas usando otro criterio? Razónalo.

2. Ayuda a Sergio. ¿De qué se alimentan las plantas? Explícalo en tu cuaderno.

3. Fíjate en la flor que observa la madre de Sergio. ¿Cuántos pétalos tiene?

4. ¿Crees que la prima de Sergio tiene razón con las abejas? ¿Por qué?

5. La madre de Sergio está embarazada de 5 meses. El cumpleaños de Sergio es el 20 de abril. ¿Cuándo crees que será el parto de su hermano?

6. ¿Cuáles de los niños de la imagen no realiza un hábito saludable?

7. Las mandarinas tienen vitaminas que nos ayudan a evitar enfermedades, como los resfriados. ¿Qué síntomas producen los resfriados?

Un país de una gran riqueza

PROYECTO TRIMESTRAL
Descubrimos el arte

La gastronomía española, un arte saludable

¿Sabes que el hecho de cocinar puede convertirse en un arte? Cada vez son más los grandes cocineros españoles que, además de cocinar de maravilla, demuestran que saben dar belleza a los platos que preparan mediante formas originales y vistosas.

Gracias a ellos, España tiene una de las mejores gastronomías del mundo tanto por la calidad como por la variedad de sus platos.

1 Observa los siguientes platos creativos y responde a las preguntas.

a) ¿Qué nutriente aportan principalmente cada uno de ellos?

b) ¿Qué plato sería el más adecuado para crecer?

c) Imagina que te comes uno de estos platos. I e indica el recorrido que hará en el interior de tu aparato digestivo.

2 En equipos de 4 o 5 compañeros, elaboramos nuestro propio plato creativo. Después, individualmente, contestamos a las preguntas que aparecen a continuación:

a) Copia y completa esta ficha en tu cuaderno. ¿Con qué órgano de los sentidos percibes cada sensación?

Mi plato

Qué veo ....

A qué huele ....

Qué colores tiene ....

Cómo puede sonar al comerlo ....

Qué siento al tocarlo ....

A qué sabe ....

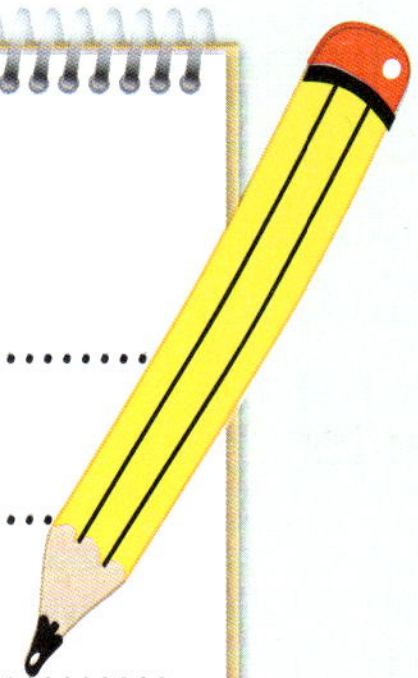

b) ¿La elaboración de este plato ha sido un movimiento voluntario o involuntario? Justifica tu respuesta.

3 Una buena alimentación no es la única condición para estar sanos. Los buenos hábitos también ayudan a llevar una vida saludable. Escribe y completa la tabla indicando de qué manera colaboran estos buenos hábitos para la salud de nuestro cuerpo.

	¿A qué aparatos u órganos favorece?	¿Qué nos ayuda a prevenir?	¿Cada cuánto debo realizarlo?
Hacer ejercicio	●●●	●●●	●●●
Cepillarse los dientes	●●●	●●●	●●●
Beber agua	●●●	●●●	●●●
Oír música a un volumen adecuado	●●●	●●●	●●●
Ponerse crema protectora	●●●	●●●	●●●
Sentarse derecho	●●●	●●●	●●●
Leer con buena iluminación	●●●	●●●	●●●

5 La materia y las fuerzas

Los secretos de la materia

En la clase de Plástica se usan todo tipo de materiales: papel, tela, plastilina…, pero hay que elegir bien cuál es el adecuado para cada trabajo. ¿Se te ocurriría modelar una figura con un trozo de tela? ¿O fabricar con plastilina una caja resistente para guardar cosas? Seguro que no.

Cada material tiene su secreto, unas características que lo hacen útil para unos usos pero no para otros. Es importante descubrir ese *secreto* para poder utilizar los materiales correctamente y sacar el mayor provecho de ellos.

Hablamos

1. ¿Qué materiales se mencionan en el texto?
2. Empareja cada tipo de material con el instrumento que utilizamos para trabajarlo.

   papel | témperas | plastilina
   manos | tijeras | pincel

3. Fíjate en la imagen. ¿Cuál de los niños está haciendo más fuerza para utilizar el material?
4. Observa las prendas que hay colgadas en las perchas. ¿Puedes deducir en que estación del año sucede la escena? ¿Por qué?

¡Qué importante es... reutilizar los materiales!

Los materiales con los que fabricamos los objetos pueden agotarse. Por eso, siempre que sea posible, debemos reutilizarlos y no malgastarlos.

Tarea final

Crea un yoyó con materiales reutilizados.

1 La materia y sus propiedades

Observa estos dos burros. ¿Cuál crees que arrastra el carro más pesado?

Una patata pesa más que una brizna de paja, pero el saco de la paja es mucho más grande... ¡Qué difícil! Lo cierto es que ambos carros pesan lo mismo porque, aunque ocupan distinto volumen, los sacos tienen la misma masa: 100 kilogramos.

Propiedades generales de la materia

Todo lo que nos rodea, tu ropa, el agua que bebes, el aire que respiras... está formado por **materia**, y, por tanto, tiene masa y volumen.

La **masa** es la cantidad de materia de un cuerpo. Se mide en gramos o en kilogramos mediante **balanzas** y **básculas**.

El espacio que ocupa un cuerpo es el **volumen**. Se puede medir en litros. Para ello se usan **jarras**, **vasos medidores** y **probetas**.

Observa y comprende · Medimos la masa y el volumen

Las manzanas tienen la misma masa que las uvas.

Las balanzas sirven para comparar la masa de dos objetos. Si los dos platillos están igualados, es que los dos objetos tienen la misma masa.

Ambos recipientes contienen un litro de agua.

Según el volumen que queramos medir, utilizamos distintos recipientes. La forma de los recipientes puede hacer que su volumen parezca distinto, aunque sea el mismo.

Experimenta ¿Cómo medimos el volumen de un cuerpo?

Jorge quiere averiguar el volumen de su submarino. Fíjate cómo lo hace.

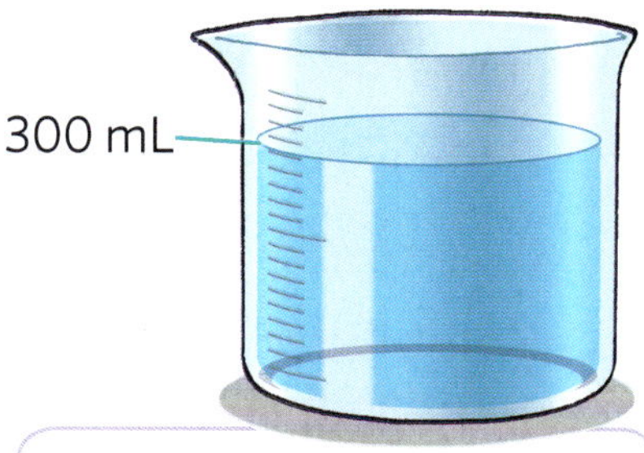

1. Jorge echa agua en el vaso medidor hasta que marca 300 mL.

2. Luego introduce el submarino en el recipiente y observa hasta dónde asciende el agua.

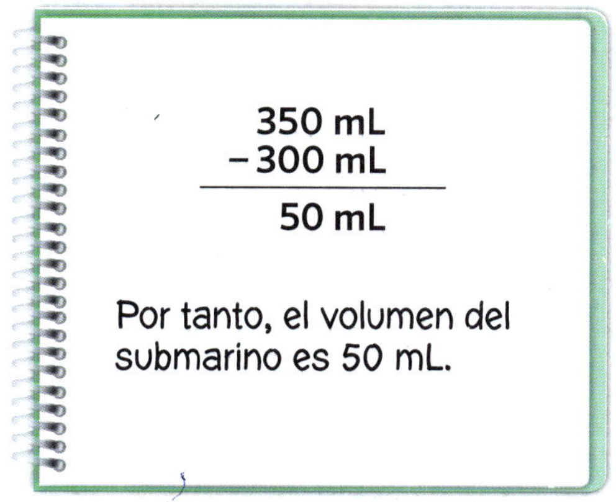

3. Jorge resta los resultados y obtiene el volumen del submarino.

1 Jorge ha metido ahora un cochecito y el agua ha ascendido hasta 400 mL. ¿Cuál será el volumen del cochecito?

- La **materia** es todo aquello que tiene **masa** y que ocupa un espacio, es decir, que tiene un **volumen**.
- Las **propiedades generales** de la materia son la **masa** y el **volumen**.

sm**Savia**digital.com
COMPRENDE Aprende a medir la masa y el volumen.

Actividades

2 Señala qué elementos de la lista están formados por materia y explica por qué.

madera – sonido – luz – cartón – aire – agua

3 ¿Qué tiene más materia, un kilogramo de plomo o un kilogramo de corcho? ¿Cuál crees que ocupará más volumen?

4 Observa esta imagen. ¿Qué tiene más masa, los peces o las verduras? Explícalo.

2 Propiedades específicas de la materia

¿En qué se diferencia una moneda de dos céntimos de una ficha de parchís? Las dos piezas ocupan un espacio parecido, pero la moneda es más brillante, más resistente...

Todas las propiedades de la materia que caracterizan a una sustancia y que la hacen diferente de las demás se denominan **propiedades específicas**.

¿Cuáles son las propiedades específicas?

Algunas de las propiedades específicas más importantes son:

- La **dureza**: una sustancia es **dura** si resulta difícil de rayar. La sustancia es **blanda** si se raya con facilidad.
- La **flexibilidad**: una sustancia es **flexible** si se dobla sin romperse. La sustancia es **rígida** si no se puede doblar.
- La **densidad**: es la relación entre la masa de un cuerpo y su volumen. Así, si con el mismo volumen una bola tiene más masa que otra, se dice que esa bola es más **densa**.
- La **conducción de calor**: una sustancia es **aislante** cuando impide que el calor se transmita a través de ella. Una sustancia es **conductora** del calor cuando lo transmite.
- La **resistencia**: una sustancia es **resistente** si resulta difícil de romper, o **frágil** si se rompe con facilidad.

¿Sabías que...?

La solubilidad es una propiedad específica

Cuando la materia tiene la capacidad de disolverse en otra, se dice que es soluble. Por ejemplo, el cacao se disuelve en la leche dando lugar al batido de chocolate, mientras que la pimienta se quedaría flotando por mucho que se revuelva.

Experimenta La densidad y la flotabilidad

Que un cuerpo flote en el agua depende de su densidad. Flotará si su densidad es menor que la del agua.

1. Estas pelotas tienen el mismo volumen, pero la de pimpón está rellena de aire y tiene poca masa, mientras que la de golf es maciza y su masa es mayor.

2. Observa qué ocurre cuando introducimos las pelotas en un vaso con agua.

5 ¿Por qué la pelota de golf se hunde y la de pimpón no? Justifica tu respuesta.

- Cada sustancia presenta unas **propiedades específicas** que la hacen diferente del resto.
- Un cuerpo se **hunde** si es **más denso** que el líquido en el que se encuentra, y **flota** si es **menos denso** que él.

smSaviadigital.com
JUEGA Y APRENDE Descubre qué objetos tienen mayor densidad.

Actividades

6 Cita tres propiedades específicas que tiene el acero de una sartén.

7 ¿Cuáles de estos objetos están formados por materiales resistentes?

8 Observa los siguientes juguetes. ¿Cuál crees que tiene mayor densidad? Justifica tu respuesta.

9 Explica en tu cuaderno cuándo flota un objeto en el agua.

3 Las fuerzas

Muchos objetos de tu alrededor se mueven, como las hojas de los árboles que caen en otoño… También podemos observar que algunos objetos se deforman o se rompen. Pero ¿qué hace que estos cambios ocurran?

Las **fuerzas** son las interacciones entre cuerpos. Pueden producir cambios de movimiento en los cuerpos, o bien pueden deformarlos e incluso romperlos.

Tipos de fuerzas

Las fuerzas se pueden clasificar en:

- **Fuerzas de contacto**, que son las que actúan cuando los cuerpos se tocan. Por ejemplo, cuando empujas con la mano una puerta para abrirla.
- **Fuerzas a distancia**, que no necesitan que los cuerpos se toquen. Por ejemplo, cuando un imán atrae un clip o cuando la Tierra atrae un balón que está en el aire.

smSaviadigital.com
JUEGA Y APRENDE
Experimenta con las fuerzas en tu taller de ciencias virtual.

Las fuerzas cambian el movimiento

Las fuerzas pueden hacer que un objeto parado **se ponga en movimiento**, o bien que un objeto en movimiento **cambie su dirección** y **aumente** o **disminuya** su **velocidad**.

Las fuerzas causan deformaciones y roturas

Si aplicamos una fuerza en un cuerpo sólido, podemos cambiar su forma. Este cambio se llama **deformación**.

Según como sea esta deformación, encontramos distintos tipos de cuerpos:

- **Cuerpos rígidos**, que apenas se deforman, porque se rompen cuando se aplica una fuerza sobre ellos. Un ejemplo de cuerpo rígido es el cristal.
- **Cuerpos elásticos**, que recuperan su forma anterior cuando se deja de aplicar la fuerza que los deformaba. Es lo que le ocurre a una goma de pelo.
- **Cuerpos plásticos**, que se deforman pero, al cesar la fuerza, no recuperan su forma original. Es lo que sucede con la arcilla o con la plastilina.

▶ Las fuerzas pueden cambiar el **movimiento** de un cuerpo y pueden **deformarlo**.

▶ Existen **fuerzas de contacto** y **fuerzas a distancia** según los cuerpos se toquen o no.

Actividades

10 Relaciona los efectos de las fuerzas con las siguientes situaciones.

a

b

4 Los materiales

¿Te parece buena idea usar papel para hacer un paraguas? ¿Y cristal para un martillo? La materia con la que se fabrican los objetos se llama **material**. Cuando escogemos un material es muy importante conocer sus propiedades y tener en cuenta el uso que le daremos.

Las propiedades de los materiales

Cada material tiene unas características que lo diferencian de otros. Estas características se denominan **propiedades de los materiales**. Las más importantes son:

- La **transparencia**: un material es **transparente** si deja pasar la luz. Un material es **opaco** si impide que pase la luz.
- La **elasticidad**: un material es **elástico** porque recupera su forma después de haberlo estirado o doblado. Si su forma cambia, entonces el material es **maleable**.
- La **impermeabilidad**: un material es **impermeable** cuando no deja pasar el agua. En caso contrario, se dice que el material es **permeable**.
- La **resistencia**: un material es **resistente** si resulta difícil de romper, y **frágil** si se rompe con facilidad.

¿Sabías que...?

La regla de las 3R ayuda a cuidar la Tierra

La regla de las 3R consiste en **reducir** el consumo de los materiales, en **reutilizar** los materiales ya utilizados y en **reciclar** los materiales usados para poder fabricar nuevos objetos con ellos.

¿Para qué utilizamos los materiales?

Algunos ejemplos de los usos de los materiales son:

- Para construir **edificios y carreteras**: se utilizan materiales resistentes e impermeables, como el hormigón y el asfalto, que soportan bien los grandes pesos y la acción de la lluvia.
- Para confeccionar **ropa y calzado**: se buscan materiales resistentes y que, a la vez, resulten elásticos, ligeros y suaves para que estemos cómodos, como el algodón y el poliéster.
- Para fabricar **máquinas y herramientas**: se usan materiales resistentes, como el acero. En cambio, las partes por las que las manipulamos suelen ser de materiales aislantes que nos protegen del calor y de la electricidad, como es el caso del plástico y de la madera.

Actividades

11 Observa la etiqueta de tu ropa y anota los materiales con los que está confeccionada.

12 ¿Qué propiedades de los materiales están relacionadas con los siguientes objetos?

gafas de sol

chubasquero

- La materia con la que se fabrican los objetos recibe el nombre de **material**.
- Para elegir el **material** adecuado se tiene en cuenta el **uso** del objeto que se va a fabricar.

Así se construye la ciencia

Comparo con medidas conocidas

PASO 1 **Hacemos un agujero en un lado de la caja.** Por el orificio de la caja, pasamos el muelle previamente enganchado a un clip.

PASO 2 **Enganchamos el vaso al muelle.** Para ello, unimos un clip al vaso y enganchamos el clip al muelle.

PASO 3 **Marcamos el nivel** donde se encuentra el vaso vacío. **Pesamos en la báscula** las canicas de dos en dos y añadimos al vaso el mismo número. Vamos haciendo marcas de los sucesivos niveles del vaso anotando a qué masas corresponden.

Razono

1. Si al pesar una ciruela en la báscula, el vaso llega a un nivel entre las marcas de 20 y 40 gramos, ¿cuál crees que será la masa de la ciruela?

Pongo en práctica

2. Construye tu propia báscula siguiendo los pasos. ¿Qué crees que pasaría si en vez de usar un muelle, que es elástico, utilizáramos un material maleable?

Organiza tus ideas

La materia

- tiene → **Propiedades**
  - que pueden ser → Generales / Específicas
- cambia mediante → **Fuerzas**
  - que producen → Cambios en el movimiento
- forma → **Materiales**
  - que tienen → Propiedades

Trabaja con el esquema

1. Copia el esquema en tu cuaderno y añade el nombre de las propiedades generales y específicas de la materia.

2. Observa las imágenes del esquema. ¿Qué propiedad de la materia representa cada una de ellas?

3. De estos instrumentos, ¿cuáles sirven para medir las propiedades generales de la materia? Añádelos a tu esquema.

   termómetro | balanza | regla | báscula | jarra medidora

4. Copia y completa el texto. Después, añade las palabras a tu esquema.

   > Según como sea la deformación, hay distintos tipos de cuerpos: los cuerpos ••• se rompen, los cuerpos ••• recuperan su forma, y los cuerpos ••• no recuperan su forma original.

5. ¿Con qué palabras del esquema se relacionan estos términos?

   probeta | densidad | hormigón

6. ¿Qué parte del esquema ilustrarías con las siguientes imágenes?

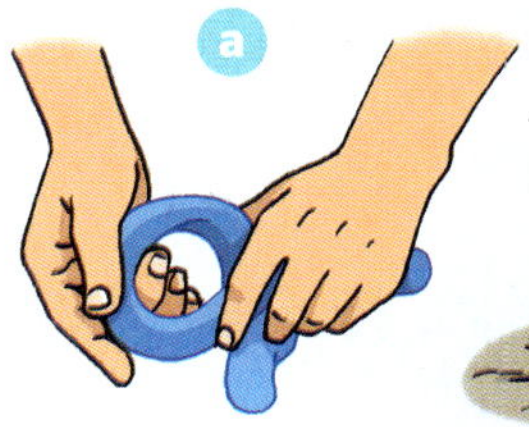

7. ¿Dónde incluirías la regla de las 3R? Indica qué tipo de basura debes depositar en cada uno de estos contenedores.

Repasa la unidad

1 Indica algún material que sirva para cada uno de estos usos y escribe qué propiedad le permite esa utilidad.

a) Protegerse de la lluvia.

b) Ver a través de él.

c) Sentarse sobre él sin que se rompa.

2 ¿De qué material crees que debería ser el cucharón con el que revuelve Carlos la sopa, de madera o de metal? ¿Por qué?

3 Ordena estos objetos.

a) De menor a mayor masa.

b) De menor a mayor volumen.

4 Clasifica estos objetos en la tabla.

plastilina - lápiz - botella - masa para hacer galletas - pelota de goma - libro - camiseta - esponja - monopatín

Elásticos	Plásticos	Rígidos
●●●	●●●	●●●

5 Une en tu cuaderno las expresiones de las dos columnas.

El mármol es duro…	… porque no deja pasar agua.
Un pantalón es flexible…	… porque no se raya.
Un chubasquero es impermeable…	… porque se dobla sin romperse.

6 ¿Qué cambios está produciendo la fuerza ejercida por cada deportista?

7 El petróleo vertido por un barco en el mar es menos denso que el agua. ¿A qué animales afectará más, a los peces del fondo o a las gaviotas que se posan en la superficie?

8 Identifica las fuerzas de contacto y las fuerzas a distancia que actúan en la siguiente imagen.

9 ¿Qué segundo uso puedes darle a una caja de zapatos, a una huevera y a un envase de plástico de comida preparada? Explícalo.

smSaviadigital.com

VALORA LO APRENDIDO Comprueba lo que sabes en la **autoevaluación**.

Ponte a prueba

¿Qué material elijo?

1. Al subirte a la bicicleta, ¿qué material se deforma? Explica tu respuesta.
2. Al pedalear, ¿qué efecto tiene la fuerza que ejerces?

Tarea final Un yoyó ecológico

¿Preparados para jugar? Juntos fabricaremos un yoyó muy especial. Vamos a ponernos manos a la obra.

PASO 1 Recortamos un trozo de cartón que tenga 7 cm de alto y 4 cm de ancho, lo enrollamos y lo metemos a presión en el agujero central de un CD que ya no nos sirva.

PASO 2 Cortamos 60 cm de cuerda fina de algodón y la atamos al tubo de cartón.

PASO 3 Finalmente, introducimos a presión el otro extremo del tubo de cartón en otro CD. Hacemos una lazada para el dedo en el extremo del hilo y... ¡a jugar!

PASO 4 En la construcción de este yoyó, ¿estamos reduciendo, reciclando o reutilizando materiales? Escribe en tu yoyó cuál de las 3R estamos aplicando.

smSaviadigital.com
VALORA LO APRENDIDO ¿Cómo has trabajado en esta tarea?

Inventos espaciales... ¡y especiales!

La NASA, la agencia que se ocupa de buscar las mejores soluciones para la vida de los astronautas en el espacio, nunca se habría imaginado lo útiles que resultarían inventos suyos como estos.

Los pañales desechables

El material absorbente que tienen los pañales de los bebés en realidad se inventó para que los astronautas pudieran hacer sus necesidades. ¡Es que en el espacio no hay baños!

Al contacto con el líquido, este material se transforma en una especie de gelatina y evita que el culito de los bebés se irrite con la orina.

... y la suela de las deportivas

Las zapatillas que usan los corredores son de un material especial que ideó la NASA. Este material se usa en los asientos donde los astronautas tenían que pasar tanto tiempo. Con ello evitaban que les doliera el trasero.

Y es que este material transmite una sensación parecida a la de caminar por la Luna, por eso se llama "espuma lunar".

¿Qué son los materiales?

Una fuerza a veces fastidiosa

Entre los cambios que experimenta tu cuerpo, seguro que el de la caída al suelo es de los que menos gracia te hace. ¿Y por qué no podemos quedarnos suspendidos en el aire como los astronautas en el espacio?

La causa de nuestras dolorosas caídas es la atracción que ejerce en nosotros una fuerza llamada gravedad, que tira de nosotros hacia abajo y mantiene nuestros pies pegados al suelo.

¿Qué tipo de fuerza es la gravedad?

Casas de barro

En algunos lugares del mundo se construyen casas con ladrillos de adobe. Este material consiste en barro mezclado con paja y, a veces, ¡hasta con pelo de caballo!

Es un sistema barato y respetuoso con el medioambiente, pero resiste mal la lluvia y los terremotos.

¿Qué otros materiales de construcción conoces?

¡Vaya tela!

Ni Spiderman podría lanzar una tela más resistente que la de las arañas auténticas.

Si se fabricara un cable hecho con el material de las telas de araña que tuviera el grosor de un lápiz y 30 km de longitud, podría parar en seco un avión a reacción.

El material de la tela de araña es tan ligero que un hilo que rodeara la Tierra pesaría lo mismo que una pastilla de jabón.

¿Qué otros materiales resistentes conoces?

Puntos limpios para un planeta sucio

¿Has ido alguna vez a algún punto limpio de tu pueblo o de tu ciudad? No creas que es un lugar donde se pasan el día fregando.

Es un recinto lleno de contenedores de todo tipo. Unos recogen materiales tóxicos que pueden envenenar el agua y el suelo, como pinturas, productos de limpieza, aceites, pilas... En otros se dejan viejas máquinas de las que se podrán aprovechar algunos elementos para fabricar otras nuevas.

Es fundamental eliminar correctamente los objetos usados, pero tenemos que intentar fabricar y consumir menos productos para no contaminar tanto el ambiente y analizar bien el posible peligro de los nuevos materiales.

Existen contenedores de distintos colores. ¿En cuál debes tirar las latas de refresco?

6 Las máquinas

Máquinas divertidas

Rubén le ha contado un secreto a Paula: por su cumpleaños, va a ir al parque de atracciones. Los parques de atracciones son geniales, ¡están llenos de máquinas divertidas! La noria, que es como una rueda enorme, la montaña rusa con sus coches y terribles cuestas, el trenecito que recorre el parque echando humo…

Muchas de estas máquinas se fabrican de acero para que sean resistentes, pero tienen numerosas partes de plástico, lo que les da suavidad y comodidad.

Y tanta gente visita estos parques que debemos ser cuidadosos y recoger toda la basura que se genera: bolsas de patatas, cajas de pizza, botellas, papeles… Si no, ¡vaya desastre!

Hablamos

1. ¿Qué máquinas menciona el texto que hay en un parque de atracciones?
2. Observa la imagen. Escribe los nombres de tres objetos que sean de metal y de otros tres que sean de plástico.
3. Indica en qué contenedor de los que aparecen en la imagen depositarías estos restos.

botella de plástico	caja de cartón
mapa del parque	envase de zumo

¡Qué importante es... usar las máquinas con precaución!

Conocer las normas de uso y tomar las precauciones necesarias antes de utillizar las máquinas evita que corramos riesgos innecesarios.

Tarea final

Al final de la unidad, descubrirás cómo se usan los patines y otras máquinas de forma segura.

1 Las estructuras

¿Encuentras algún parecido entre la torre Eiffel y el puente de George Washington? ¡Tienen triángulos por todas partes!

Para que una construcción sea resistente, es decir, para que pueda soportar peso, no solo debemos tener en cuenta el tipo de materiales que usamos al llevarla a cabo. También debemos estudiar la forma que les vamos a dar. Por este motivo, los arquitectos emplearon triángulos, ya que son adecuados para conseguir edificaciones resistentes. ¿Lo comprobamos?

¿Qué es una estructura?

Una **estructura** es un conjunto de elementos unidos y capaces de soportar pesos. Por ejemplo, el puente de George Washington es una estructura formada por un conjunto de triángulos que dotan a la construcción de la resistencia necesaria para soportar el paso diario de miles de coches.

smSaviadigital.com
PRACTICA Concurso de puentes.

Experimenta ¿Quién resiste más?

1. Haz un triángulo con un folio.

2. Dobla el folio como un acordeón.

3. Coloca el mismo libro sobre los dos montajes.

1 ¿Qué montaje es más resistente, un triángulo o un conjunto de triángulos?

¿Cómo son las estructuras?

Las estructuras están diseñadas para soportar una carga. Por ejemplo, un columpio aguanta el peso del niño montado en él. Por este motivo, las estructuras poseen una o varias **vigas** sobre las que se apoya la carga y unos **pilares** que la sujetan.

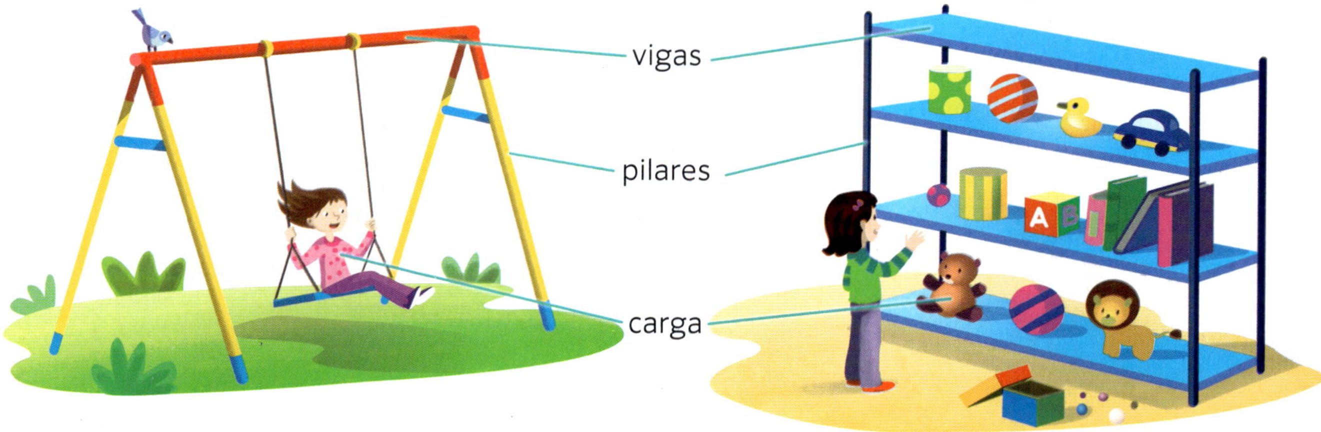

Los tipos de estructuras

Las estructuras se clasifican en dos grupos: las estructuras naturales y las estructuras artificiales.

- Las **estructuras naturales** son, por ejemplo, el esqueleto y la musculatura. Ambos forman una estructura muy estable, flexible, capaz de resistir fuerzas y de ejercerlas.
- Las **estructuras artificiales**, como los puentes, pueden tener forma de arco o estar formados por piezas triangulares.

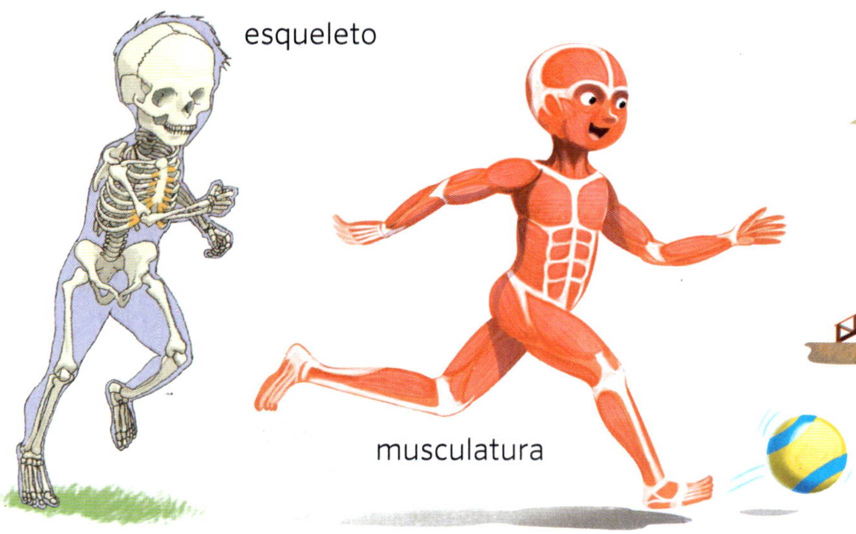

puente de arco

puente de piezas triangulares

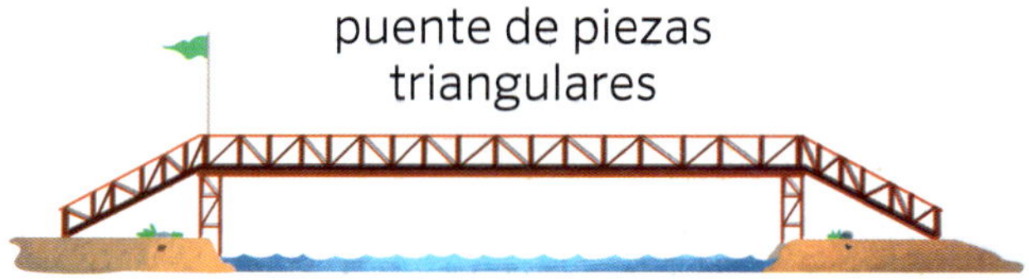

Una **estructura** es un conjunto de elementos unidos y capaces de soportar pesos.

Actividades

2 Una mesa es una estructura. Identifica el pilar y la viga, y explica qué carga soporta la tuya.

2 La palanca

Fíjate en este romano. Aunque en su época no existían las mismas máquinas que ahora, observa de qué manera más sencilla quitaba la piedra del camino para poder pasar.

Con un palo apoyado en una pequeña piedra, ha montado una **palanca** que transmite y aumenta su fuerza para mover fácilmente la piedra grande. ¿Se te habría ocurrido a ti?

Partes de la palanca

Los elementos que se pueden distinguir en una palanca son:

Tipos de palancas

Según dónde se sitúen el punto de apoyo, la carga y la fuerza, es posible distinguir tres tipos de palancas: de **primer género**, de **segundo género** y **de tercer género**.

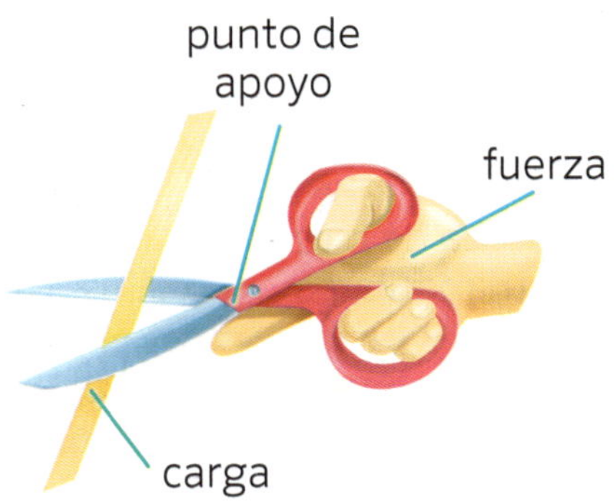

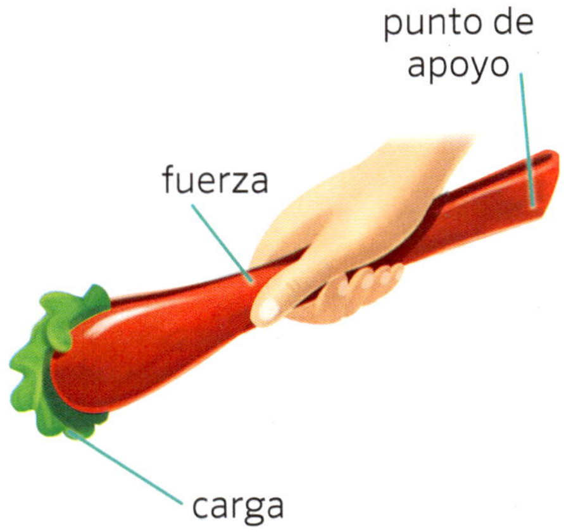

De primer género

El punto de apoyo se sitúa entre la carga y la fuerza, como ocurre, por ejemplo, en las tijeras y en los alicates.

De segundo género

El punto de apoyo está en un extremo, la fuerza en el otro extremo y, en medio, la carga. El exprimidor es un ejemplo.

De tercer género

El punto de apoyo está en un extremo, la carga en el otro y, en medio, la fuerza, como en las pinzas. Con este tipo se consigue precisión.

Observa y comprende Tipos de palancas

Palanca de primer género	Palanca de segundo género	Palanca de tercer género

- La **palanca** es un tipo de **máquina simple** que sirve para transmitir fuerzas.
- Hay tres tipos de palancas según dónde se sitúen sus elementos: las de **primer género**, las de **segundo género** y las de **tercer género**.

sm**Savia**digital.com
JUEGA Y APRENDE Palancas en tu vida.

Actividades

3 Observa bien las siguientes imágenes. ¿En qué posición resultará más fácil levantar el libro? Justifica tu respuesta.

a

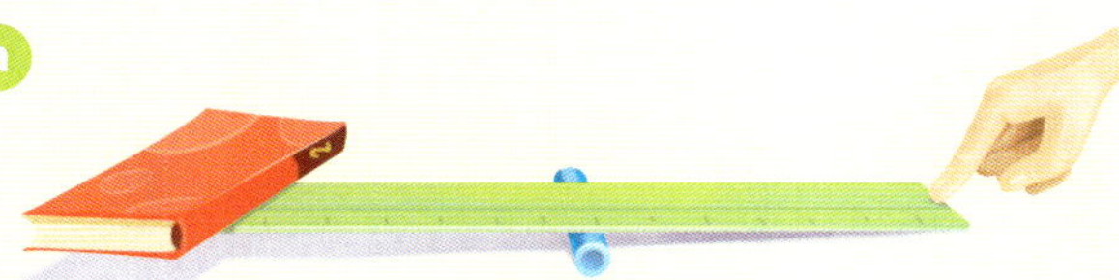

b

c

4 ¿Qué tipo de palanca es la pala? Copia el dibujo y señala sus partes.

5 Indica qué tipo de palanca es el martillo en cada caso. Justifícalo.

a

b

3 El plano inclinado y la polea

Amaya y su familia se trasladan. ¿Cómo conseguirán subir todas sus cosas a su nueva casa?

Los transportistas usan en su trabajo máquinas simples como el plano inclinado y la polea. De esta forma consiguen mover con menos esfuerzo grandes pesos, como el piano de Amaya.

El plano inclinado

El plano inclinado también se llama **rampa** y se usa para subir objetos con menos esfuerzo, deslizándolos o arrastrándolos por el suelo.

La polea

La **polea** es una máquina muy útil porque permite levantar peso de forma más cómoda que si se hiciese a pulso. La polea está formada por una rueda con un surco o canal por donde se desliza una cuerda. En un extremo de la cuerda se pone una carga y, desde el otro extremo, se tira.

¿Te imaginas tener que subir el piano de Amaya hasta el segundo piso solo con la fuerza de los brazos?

Los **conjuntos de poleas**, es decir, la unión de dos o más poleas, reducen el esfuerzo que debemos aplicar al levantar pesos.

Actividades

6 Con dos poleas unidas, el esfuerzo se reduce a la mitad. Es decir, si elevamos un piano de 120 kilos entre dos poleas, haremos una fuerza como si levantásemos un objeto de 60. ¿Qué fuerza habrá que hacer para levantar el piano con un conjunto de cuatro poleas?

- El **plano inclinado** es una rampa que se utiliza para subir objetos con menos esfuerzo.
- La **polea** se usa para elevar objetos de forma más cómoda.

4 Inventos de antes y de ahora

Celia ha encontrado unos artilugios antiguos en su desván. ¡Son de su tatarabuelo! Son unos aparatos de lo más extraño. Y es que las personas, desde hace miles de años, no han parado de inventar máquinas para hacer la vida más fácil y agradable.

Las máquinas de Arquímedes

Entre los más grandes inventores se encuentra **Arquímedes**, un sabio griego que vivió hace más de dos mil años. Entre sus numerosos inventos destacan el tornillo y la garra.

- El **tornillo** de Arquímedes todavía se usa hoy día para subir el agua a los canales de riego. Con este fin se usa un tornillo encajado en un cilindro con una manivela en un extremo y el otro colocado dentro del líquido. Al girar el mecanismo, el agua asciende por el tornillo y sale por el extremo opuesto.

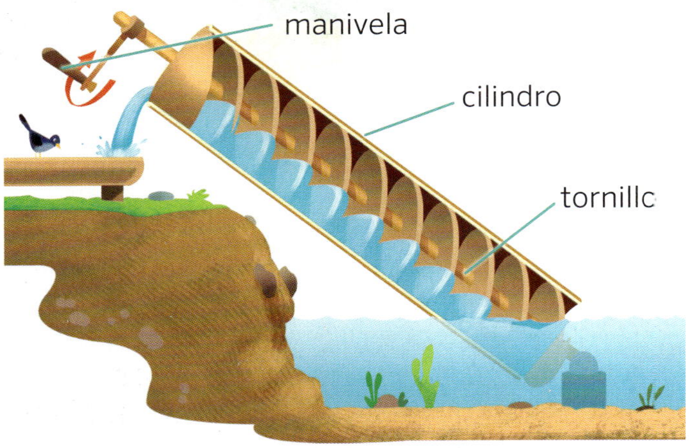

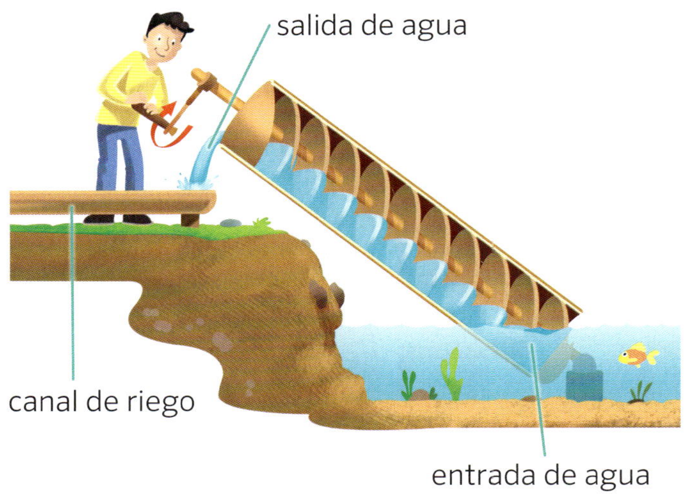

- La **garra** fue diseñada por Arquímedes para defender su ciudad natal, Siracusa, del ataque de los romanos. Estaba formada por una barra en uno de cuyos extremos colgaba un gancho. En el otro extremo había un sistema de poleas del que tiraban personas y animales. Así, conseguían levantar los barcos enemigos y, al soltarlos de golpe, hundirlos.

smSaviadigital.com
COMPRENDE Las máquinas de Arquímedes.

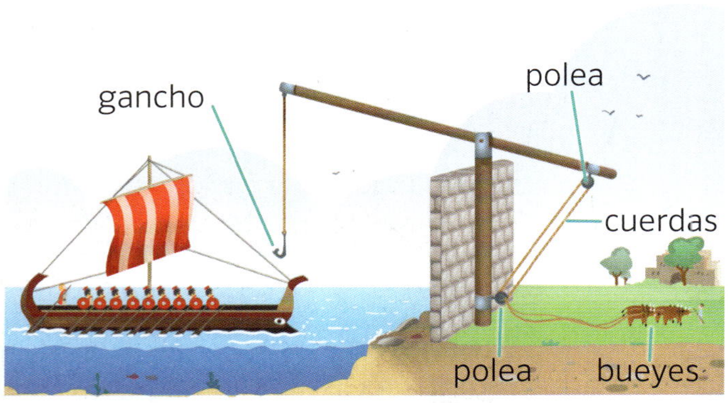

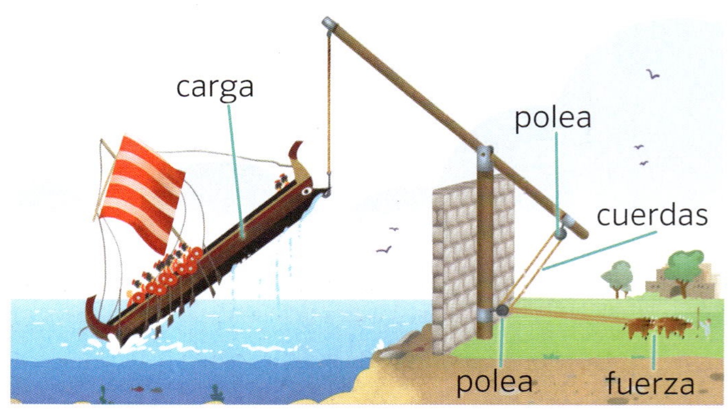

Otros inventos

Después de Arquímedes, otros genios han ideado nuevos inventos que hoy día nos facilitan la vida. Los campos más importantes en los que se han conseguido grandes logros son:el campo de los transportes, el campo de la medicina y el campo de las comunicaciones.

En el **campo de los transportes** son muy importantes los aviones, las naves espaciales, los coches y los trenes de alta velocidad.

En el **campo de la medicina** destacan inventos como el escáner o la máquina de rayos X, que nos permiten ver el cuerpo por dentro.

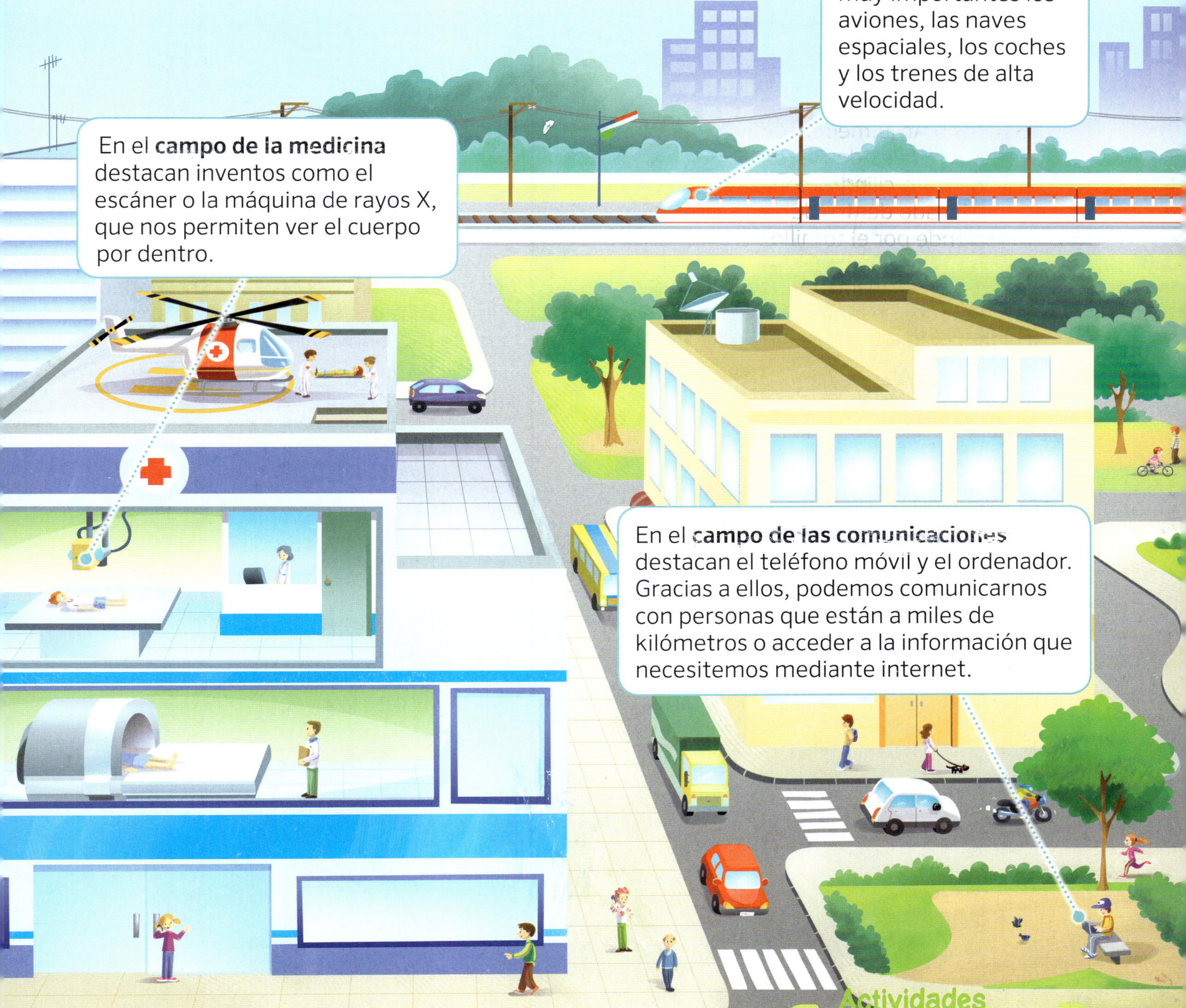

En el **campo de las comunicaciones** destacan el teléfono móvil y el ordenador. Gracias a ellos, podemos comunicarnos con personas que están a miles de kilómetros o acceder a la información que necesitemos mediante internet.

Los avances en los **campos de la medicina**, de los **transportes** y de la **comunicación** han supuesto una mejora en la calidad de vida de las personas.

Actividades

7. ¿Cómo funciona la garra de Arquímedes? Describe.

Así se construye la ciencia

Construimos una máquina y su estructura

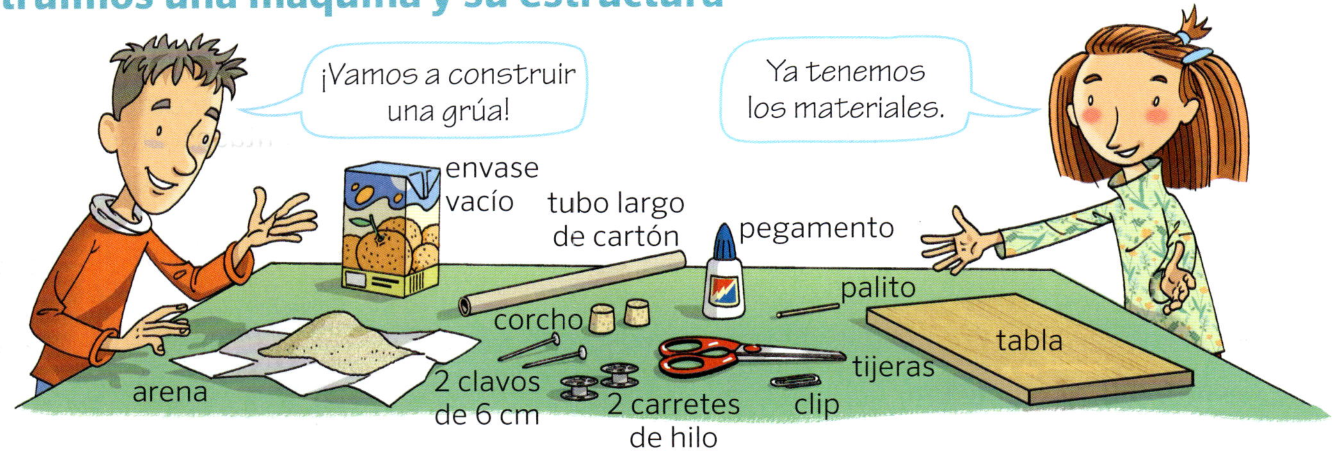

PASO 1 **Hacemos la base de la grúa.** Para ello, recortamos con ayuda de un adulto un agujero del grosor del tubo de cartón, cerca del borde. Después, pegamos el envase a la tabla y lo llenamos de arena.

PASO 2 **Construimos el brazo de la grúa.** Clavamos los carretes al tubo usando los clavos. Uno en un extremo, y el otro a 12 cm. Ponemos un trozo de corcho en las puntas de ambos clavos, que sobresalen.

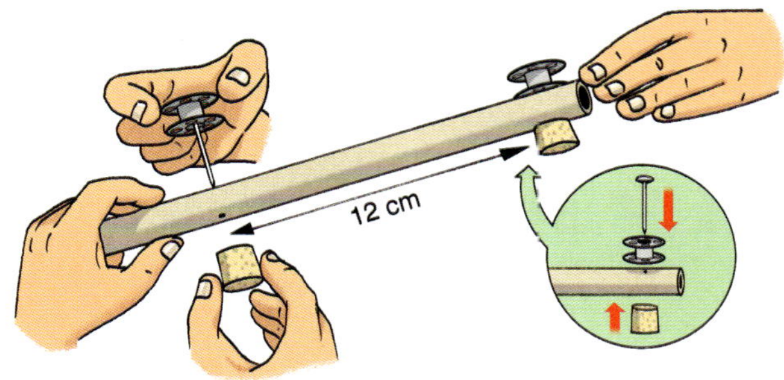

PASO 3 **Enganchamos las partes.** Metemos el tubo por el agujero del envase. **Hacemos una manivela.** Introducimos el palito en uno de los orificios del carrete inferior y lo sujetamos con plastilina.

PASO 4 **Hacemos pasar el hilo del carrete inferior** sobre el carrete superior. Al extremo atamos un clip que servirá de gancho. Y ya tenemos lista la grúa.

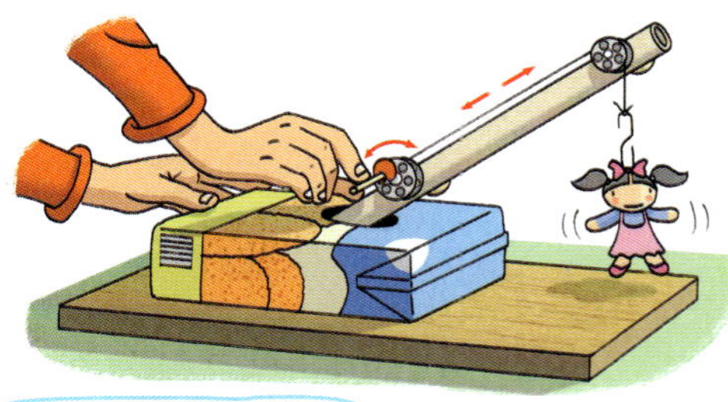

Razono

1. ¿Qué tipo de máquina crees que es la grúa? Razona tu respuesta.

Pongo en práctica

2. Construye tu propia grúa. ¿Qué ocurre si el hilo solo pasa por el carrete inferior?

Organiza tus ideas

Las máquinas

- están formadas por → **Estructuras**
  - tienen → Vigas, Pilares
- pueden ser → **Máquinas simples**
  - como → Polea, Palanca, Plano inclinado
- inventadas
  - En la Antigüedad
    - como → Las máquinas de Arquímedes
  - En la actualidad
    - grandes avances en → Medicina, Transportes, Comunicación

Trabaja con el esquema

1. ¿Qué parte de la estantería se corresponde con las vigas? ¿Y con los pilares?

2. ¿En qué lugar del esquema debe aparecer este dibujo? Cópialo en tu cuaderno y señala sus partes.

3. ¿Cómo se llama la máquina de Arquímedes que está representada en el esquema? ¿Para qué sirve?

4. ¿Qué tipo de máquina son unas tijeras? ¿Y una rampa?

5. ¿En qué parte del esquema colocarías estas palabras?

punto de apoyo · canal · barra rígida · puente de arco · rueda

6. Haz un esquema en el que clasifiques las siguientes máquinas como palancas de primero, segundo o tercer género.

Repasa la unidad

1 ¿Qué forma distingues en esta estructura que le aporta mucha estabilidad y solidez?

2 Completa en tu cuaderno la presentación que hace Arquímedes de sí mismo.

3 ¿Qué máquina o máquinas pueden facilitar el trabajo de Eva y Luis para subir la carga?

4 ¿Dónde debe colocar Marcos el punto de apoyo para desplazar la caja con el menor esfuerzo posible?

5 Observa dónde coloca Samuel la fuerza, la carga y el punto de apoyo. ¿Qué tipo de palanca aparece representada en cada caso?

6 Dibuja estas palancas y señala en cada una de ellas el punto de apoyo con una A, la carga con una P y la fuerza con una F.

7 ¿Qué funciones tiene esta máquina? Elige y explica las opciones que creas correctas.

A. Operar con muchos datos.

B. Ofrecer información de todo el mundo.

C. Controlar el funcionamiento de muchas máquinas.

smSaviadigital.com

VALORA LO APRENDIDO Comprueba lo que sabes en la **autoevaluación**.

Ponte a prueba

¿Qué camino elegimos?

Sofía y sus amigos quieren ir al castillo. ¿Cuál será el camino que deben seguir?

1. ¿Qué ventaja tiene el Camino Torcido pese a ser más largo y sinuoso?
2. ¿Con qué máquina simple puedes relacionar estos caminos?
3. ¿A cuál de los caminos que aparecen en el dibujo se parecen más las rampas para sillas de ruedas? ¿Por qué crees que las construyen así? Razona tu respuesta.

Tarea final **Usa las máquinas de forma segura**

A menudo utilizamos máquinas para movernos, como una bicicleta o unos patines. Pero ¿las usamos de forma segura?

PASO 1 Antes de usar una máquina conviene conocer bien su funcionamiento. Elige una máquina que sueles utilizar, y dibuja y señala todas sus partes. Fíjate en este ejemplo.

PASO 2 Cita los elementos de protección necesarios a la hora de usar la máquina que has elegido. ¿Para qué sirven? ¿Por qué es importante usar las máquinas de forma segura?

smSaviadigital.com

VALORA LO APRENDIDO **¿Cómo has trabajado** en esta tarea?

Inventos de lo más curioso

Los inventos son siempre originales, pero los del Museo de los Inventos de Barcelona baten todos los récords.

Una **fregona** con micrófono para cantar mientras fregamos.

Un envase para cocinar **¡huevos cuadrados!**

Un **despertador** que, al sonar, rueda por la habitación. No hay más remedio que saltar de la cama y perseguirlo para poder apagarlo.

¿Conoces el nombre de algún inventor? Haz una lista.

¿Crees que las máquinas que inventó podían ser eléctricas?

Una gran inventora, Hipatia de Alejandría

Fue una mujer increíble que vivió hace más de 1.600 años y es considerada por muchos la primera mujer científica de la Historia.

Se dedicó a la filosofía, las matemáticas, la astronomía, la música y era genial en todos estos campos.

Se conocen varios inventos suyos. Uno de ellos, un astrolabio plano, que sirve para medir la posición de las estrellas, los planetas y el Sol. También inventó el aerómetro, que se usa para medir las propiedades físicas del aire y de otros gases.

Desgraciamente, fue asesinada por mantenerse fiel a sus ideas.

El soldado que no supo entender a Arquímedes

Gracias a las ingeniosas máquinas de guerra que inventó Arquímedes, los romanos tardaron mucho tiempo en tomar Siracusa.

Se cuenta que el general romano que lo consiguió ordenó que nadie hiciera daño a tan genial inventor, y pidió a sus soldados que llevaran a Arquímedes ante él para conocerlo.

Cuando los soldados fueron a buscarlo, Arquímedes estaba intentando resolver un problema matemático y trazaba figuras geométricas en la arena, así que dijo a uno de los soldados: «No toques mis círculos». El militar, que no estaba acostumbrado a que le desobedecieran, mató al genio con su espada.

¿Qué máquinas de guerra ideó Arquímedes?

¿Un tractor-araña?

Parece una mezcla entre un tractor y una araña, ¿verdad?

Sus diseñadores querían obtener una máquina capaz de adaptarse a distintos terrenos, tal como lo haría una araña.

¿Te imaginas la telaraña que podrían formar estos insectos de metal?

¿Dónde crees que serán más útiles, en el campo o en la ciudad?

Comprueba lo que has aprendido

Test

¿Recuerdas todo lo que has aprendido durante este trimestre? Compruébalo en este test.

1. La materia:
- A. Se ve y la podemos tocar.
- B. Tiene color.
- C. Tiene masa y volumen.

2. La densidad del ancla es…

- A. mayor que la del agua.
- B. menor que la del agua.
- C. igual que la del agua.

3. Cuando una fuerza actúa sobre un cuerpo:
- A. No puede cambiar su velocidad.
- B. Puede cambiar su velocidad y también puede deformarlo.
- C. No puede deformarlo.

4. Un material es elástico si…

- A. se dobla sin romperse.
- B. recupera la forma después de haberse deformado.
- C. no deja pasar el agua.

5. Una estructura:
- A. Soporta pesos.
- B. Transforma el movimiento.
- C. Es una pieza móvil.

6. ¿Cuál de estos objetos es una palanca de segundo género?

- A. Los alicates
- B. Las pinzas
- C. El abrebotellas

7. Cuanta más pendiente tiene un plano inclinado…
- A. menos esfuerzo hay que hacer para subir una carga.
- B. más esfuerzo hay que hacer para subir una carga.
- C. igual esfuerzo que si tuviese menos pendiente para subir cargas.

8. Las partes de una polea son…

- A. cuerda, canal y cubo.
- B. canal, rueda y cuerda.
- C. rueda, cuerda y cubo.

smSaviadigital.com REPASA

Llega el verano

¡Por fin ha llegado el calor! Podemos ir a la piscina y todo el mundo sale a la calle a disfrutar del buen tiempo.

1. Observa los juguetes de la piscina y completa las siguientes oraciones.
   a) El ●●● tiene mayor densidad que el agua.
   b) El ●●● tiene menor densidad que el agua.
2. Juan y Diego están jugando al béisbol. ¿Qué tipo de cambio crees que provocará Juan en la pelota al golpearla con el bate?
3. ¿Qué efecto provocará Manuel sobre el balón si consigue parar el gol?
4. Escribe el nombre de un objeto transparente, uno opaco y otro elástico que aparezca representado en la escena.
5. Elige una de las palancas que aparecen en la escena. Después, dibújala en tu cuaderno y señala el punto de apoyo, la carga y la fuerza.
6. Observa el columpio. ¿Qué parte actúa de viga? ¿Y de pilar?
7. ¿Qué máquina de la imagen está formada por piezas triangulares?

Un encuentro entre culturas

PROYECTO TRIMESTRAL
Descubrimos la historia

Culturas con energía

La energía siempre ha estado presente en la Historia. Si nos fijáramos en cualquier imagen de cualquier época, podríamos ver sus diferentes formas y efectos.

El ser humano, en general, ha sabido utilizar la energía en su beneficio y esto ha sido un factor muy importante para su evolución como especie.

1 Las máquinas nos ayudan a realizar trabajos con menos esfuerzo. Para construir las pirámides mayas y los castillos se utilizaban máquinas parecidas a estas. Obsérvalas y responde a las preguntas.

Carretilla

Pozo

a) Clasifica las máquinas según sean simples o compuestas.

b) Una de las herramientas es una palanca. Indica a qué imagen corresponde y el tipo de palanca de que se trata.

c) ¿Qué propiedades crees que deberían tener los materiales que usaban para construir las pirámides mayas y los castillos? Justifica tu respuesta.

2 Observa las siguientes imágenes, que representan momentos históricos, y contesta a las preguntas que aparecen a continuación.

a) ¿Qué tipos de energía aparecen en cada imagen? Copia y completa el cuadro en tu cuaderno.

Ceremonia maya		Asedio a un castillo	
Tipo de energía	¿Dónde la ves?	Tipo de energía	¿Dónde la ves?
●●●	●●●	●●●	●●●
●●●	●●●	●●●	●●●
●●●	●●●	●●●	●●●

b) Las culturas han evolucionado, y en la actualidad, algunas fuentes de energía se usan de manera distinta a como se utilizaban antiguamente.

En equipos de cuatro o cinco compañeros, elegimos una imagen y explicamos en un mural los cambios que han sufrido las fuentes de energía desde la Antigüedad hasta nuestro tiempo.

El libro **Ciencias de la Naturaleza, Comunidad de Madrid** para **4.º de Primaria** forma parte del Proyecto Editorial de Educación Primaria de SM. En su realización ha participado el siguiente equipo:

Autoría
Alicia Soria
Juan Miguel Hidalgo y Vicente Moratalla (Proyectos trimestrales)

Asesoría científica
J. G. L. de Guereñu

Edición
Esther Sánchez, Elsa Álvarez, Almudena de Andrés (edición digital), Virginia López

Corrección
David Busto

Ilustración
Suri, Luis Doyagüe, Eduardo Rodríguez, Félix Moreno/ARCHIVO SM, José Santos, José Luis Navarro, Nicolás Fernández, Marina Gómez, Marcelo Pérez

Fotografía
Fidel Puerta/ARCHIVO SM; Luckynick/Dreamstime; ASA; SCALA; CMCD; THINKSTOCK; CORDON PRESS; 123RF; SHUTTERSTOCK; iStock; GETTY IMAGES; AGE FOTOSTOCK

Edición gráfica
María Pía Hidalgo

Diseño de cubierta e interiores
Estudio SM

Responsable del proyecto
Mireia Casaus

Coordinación de contenidos digitales
Mara Mañas

Coordinador editorial de Ciencias
Laura Pérez

Coordinación editorial de Primaria
Nuria Vallina, Nuria Corredera

Coordinador de Arte del Proyecto
Mario Dequel

Dirección editorial
Aída Moya

Ilustración de cubierta de Xavier Salomó, del libro *Versos de colores*, SM, 2012.

ISBN: 978-84-675-7719-8
Depósito legal: M-01869-2015
Impreso en la UE / *Printed in EU*

Este libro está impreso en papel procedente de bosques gestionados de manera sostenible.